아는
만큼
보이는
세상

원자 결합부터 화학 변화까지 계산 없이 쏙쏙 이해하는 화학

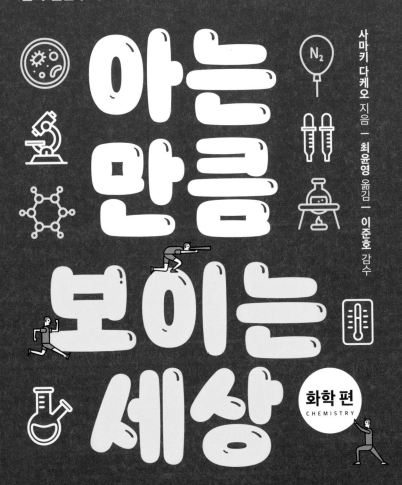

아는 만큼 보이는 세상

사마키 다케오 지음 ㅡ 최윤영 옮김 ㅡ 이준호 감수

화학 편
CHEMISTRY

과학의 목표는 진리를 찾는 것이다.

그리고 진리는 누구에게나 도움이 된다.

루이 파스퇴르 Louis Pasteur (1822~1895)

프랑스의 화학자이자 미생물학자.

탄저병, 닭 콜레라, 광견병 백신 등을 만들어 인류 보건에 큰 이바지를 했다.

화학을 생각하면 어떤 이미지가 떠오르나요? 화학은 이과 수업에서 인기가 많은 과목입니다. 그러나 이론, 계산 문제, 화학식, 물질의 성질 및 반응 등 외울 것도 많아서 별다른 흥미를 갖지 못했던 사람도 많을 것입니다. "이해가 잘 안 된다", "일상생활과 무관해 학교를 졸업하면 필요 없는 지식이다"라는 이유를 덧붙이면서 말이지요.

　화학은 어떤 학문일까요? 한마디로 말하자면, 화학은 물질을 연구하는 학문입니다. 컵을 예로 들어 볼까요? 컵은 유리, 종이, 금속 등등 다양한 재료로 만들어집니다. 여기서 컵이라는 물체를 이루고 있는 이 재료를 바로 '물질'이라고 합니다. 화학은 한 사물이 무엇으로 이루어져 있는지(어떤 물질로 이루어져 있는지), 즉 사물을 구성한 재료에 관심을 갖고 이를 분석하는 학문입니다.

물질은 '화학 물질'이라고도 부릅니다. 화학 물질이라고 하면 폭발물이나 독극물과 같은 무서운 이미지가 떠오를 수 있습니다. 그러나 인간을 포함해 공기, 물, 음식, 의복, 건축물, 흙, 암석 등 등 주위의 온갖 사물을 이루고 있는 물질 역시 화학 물질입니다.

또한, 물질이 어떤 성질을 지녔고, 원자나 분자가 그 물질 안에서 어떻게 결합하고 있는지를 연구하는 것도 화학입니다. 물질을 이루고 있는 원자의 결합 방식이 바뀌어 지금까지와는 다른 새로운 물질이 만들어지는 변화는 '화학 변화'입니다. 화학 변화는 새로운 물질이 생기는, 다시 말해 물질이 바뀌는 변화를 의미합니다.

주변을 화학의 눈으로 한번 살펴볼까요? 주방을 둘러봅시다. 주방은 물과 공기는 물론이고 쌀과 채소, 생선과 고기 등의 식품, 소금이나 설탕 등의 조미료, 칼과 숟가락 등의 금속, 도자기(세라믹스), 유리, 플라스틱, 도시가스 연료 등등 수많은 것들로 가득 차 있습니다. 이 모두가 물질입니다. 이처럼 일상적인 물질은 모두 원소로 이루어져 있으며, 이 원소는 원자라는 기본 요소로 구성됩니다.

앞에서 언급한 물질들은 어떤 성질을 지녔을까요? 가스가 연소할 때나 식품을 조리할 때 물질에서는 어떤 일이 일어날까요? 화학의 재미는 우리에게 친숙한 물질에 질문을 던질 때 시작됩니다.

이 책은 화학의 발견이 우리 생활을 어떻게 바꾸었는지 소개하는 '역사와 삶을 바꾼 화학'의 강좌 내용을 토대로 만들었습니다. 또한, 과거에 출간한 도서인 《이토록 재밌는 화학 이야기》를 주요 참고 문헌으로 삼고서 이야기를 새롭게 수정하고 재구성했습니다.

1장은 인류가 최초로 만난 화학 물질인 물과 불에 관해 말합니다. 자연 안에서 만나는 화학 물질과 화학 변화를 통해 인류가 어떻게 진화했는지 알 수 있습니다.

2장은 인류 사회를 획기적으로 발전시킨 금속에 관련한 화학을 설명합니다. 철의 탄생과 여러 건축물, 생활 등을 지탱하는 화학 재료를 이야기했습니다.

3장은 인류사에 결정적인 역할을 했던 화학 물질을 만날 수 있습니다. 생활의 많은 부분을 바꾼 유리의 탄생과, 나라의 흥망성쇠를 좌우한 전쟁에서 큰 역할을 한 폭약 이야기를 모았습니다.

4장은 인간의 건강과 수명에 관여해 삶의 질을 드높인 화학 이야기입니다. 위생과 전염병의 관계, 화학이 발명한 여러 의약품 이야기가 담겼습니다.

5장은 인간의 삶에 편리함을 선물한 화학제품에 관한 이야기입니다. 농약, 염료, 합성섬유, 플라스틱 등을 통해 인간의 삶에 어떤 득을 주고 어떤 실을 낳았는지 함께 알 수 있을 것입니다.

마지막으로 6장은 현대 사회를 지탱하는 가장 대표적인 에너지

원인 석유에 관해 말합니다. 에너지원의 변화와 화학과 에너지원과의 관계까지 폭넓게 알 수 있습니다.

이 책은 화학자들의 기상천외한 상상력과 여러 화학 물질, 그리고 다양한 화학 반응이 어떻게 어우러져 우리 생활을 바꾸어 왔는지 알려 줍니다. 책 속에 소개된 화학 이야기를 따라 읽다 보면 화학이 우리 삶과 어떻게 긴밀하게 연결되었는지, 또 화학과 역사가 어떤 관계인지 자연스럽게 깨닫게 될 것입니다. 어렵게만 보였던 화학, 그러나 알면 알수록 놀랍고 흥미로운 화학의 세계로 여러분을 초대합니다.

사마키 다케오

C O N T E N T S

CHAPTER 2.

사회를 획기적으로 발전시킨 화학
금속

CHAPTER 3.

인류사에 결정적인 역할을 한 화학

유리 · 폭약

CHAPTER 4.

인간의 건강을 지키고 수명을 늘린 화학
위생 · 의약품

CHAPTER 5.

편리함과 안락함을 선물한 화학
농약·염료·합성섬유·플라스틱

CHAPTER 6.
이제는 없어서는 안 될 화학 에너지
석유

1

CHAPTER

인류가
만난
최초의
화학

- 물 · 불 -

물은
무슨 색일까?

· 물 분자와 가시광선 ·

얕은 물은 빨간빛을 덜 흡수해서 무색투명하게 보인다.
깊은 물은 파란빛이 물을 잘 통과해서 파랗게 보인다.

지구는 표면의 약 70%가 물로 뒤덮여 있어 물의 행성으로 불립니다. 사막이나 분지 같은 특수한 지형을 제외하면 대부분 도심 근처라 해도 쉽게 강이나 바다를 만날 수 있습니다.

그런데 물은 어디에서 보느냐에 따라 서로 다른 색으로 보입니다. 작은 연못만 보더라도 가장자리와 중심부의 색이 서로 다릅니다. 분명 같은 곳에 담긴 물인데 왜 이러한 차이가 생기는 걸까요?

수심이 얕은 곳의 물은 색깔이 없고 투명합니다. 햇빛이 전부 반대편으로 빠져나가기 때문입니다. 햇빛은 하얗게 보이지만 실은 빨강, 주황, 노랑, 초록, 파랑, 남색, 보라색, 즉 무지개색이 모두 섞인 상태입니다.

그중 빨간빛은 물에 어느 정도 흡수됩니다. 이는 물 분자의 특징 때문에 그렇습니다. 분자의 종류에 따라 흡수하거나 투과할

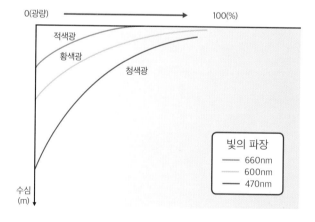

　　　　　　　　아는 만큼 보이는 세상 | 화학 편

수 있는 빛의 성질이 서로 다릅니다. 물의 경우 파란빛을 투과하거나 반사(산란)하는 성질을 지녔으며, 다른 빛에 비해 빨간빛을 잘 흡수합니다. 얕은 물은 상대적으로 빨간빛을 덜 흡수하기에 무색투명하게 보입니다.

수심이 깊은 곳은 어떨까요? 물이 깊을수록 더 많은 빨간빛을 흡수하고, 나머지 빛은 합쳐져 파란빛이 됩니다. 이 파란빛은 물을 잘 통과하기에, 거침없이 물속을 나아갑니다. 그래서 바다처럼 깊은 물에서는 파란색만이 바닷물에 흡수되지 않고 물속의 물질(쓰레기나 플랑크톤 등)에 의해 산란되어 우리 눈에 도달합니다. 바다가 파랗게 보이는 이유입니다.

지구에는 담수가 얼마나 있을까?

· 물의 순환 ·

지구상의 물 중 담수는 3%도 채 되지 않는다.
바닷물과 담수는 같은 과정으로 순환한다.

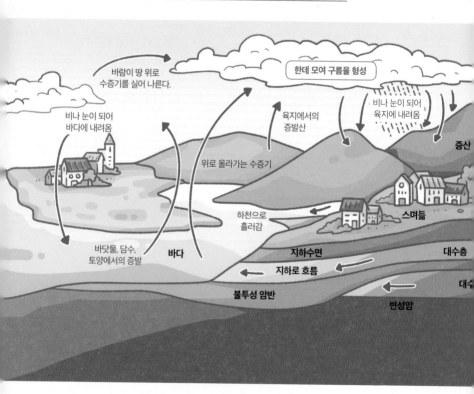

바람이 땅 위로
수증기를 실어 나른다.

한데 모여 구름을 형성

비나 눈이 되어
바다에 내려옴

비나 눈이 되어
육지에 내려옴

육지에서의
증발산

증산

위로 올라가는 수증기

하천으로
흘러감

스며듦

바닷물, 담수,
토양에서의 증발

바다

지하수면

대수층

지하로 흐름

불투성 암반

변성암

지구 표면과 대기에 있는 물의 총량은 약 14억km³(1조 톤의 140만 배의 무게)로 추정됩니다. 그중에서 97% 이상이 해수(소금물)입니다.

담수는 지구에 존재하는 물 전체의 3%도 차지하지 않습니다. 이 또한 남극과 그린란드 등에 있는 육상 얼음이 대부분입니다. 지하수, 하천, 호수, 늪 등의 담수는 매우 적습니다.

바닷물은 염분을 없애지 않으면 사람이 마시는 식수로도, 작물을 키우는 농업용수로도 쓸 수 없습니다. 그러나 바닷물의 염분을 줄이려면 막대한 비용이 듭니다. 그래서 우리가 일상에서 활용할 수 있는 물은 담수뿐입니다.

사실 바닷물과 담수는 같은 순환선상에 놓여 있습니다. 햇빛이 바닷물에 닿으면 바닷물에서 물이 증발하고, 이때 만들어진 수증기는 대기의 일부가 됩니다. 대기로 올라간 수증기는 비나 눈의 모습으로 다시 지상에 내려옵니다. 그리고 최종적으로는 바다로 흘러듭니다. 우리는 이런 물의 순환 덕분에 담수를 사용할 수 있습니다.

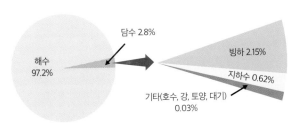

담수 2.8%

해수
97.2%

빙하 2.15%

지하수 0.62%

기타(호수, 강, 토양, 대기)
0.03%

수권의 분포

얼음은 진짜 0°C일까?

· 물 분자의 결합 ·

얼음은 고체 상태가 된 장소의 기온을 따라간다.
액체 상태가 되면 물 분자 사이의 결합이 끊어져 자유로워진다.

물은 우리가 생활하는 온도 범위(상온)에서 고체, 액체, 기체, 총 세 가지 상태로 존재합니다.

상온은 15℃에서 25℃의 범위로 규정짓고 있는데(한국의 식품에 관한 기준과 규격), 여기에서는 20℃ 부근으로 하겠습니다.

1기압을 기준으로 물의 응고점은 0℃, 끓는점은 100℃입니다. 물의 응고점과 끓는점으로 섭씨온도의 눈금이 정해집니다. 그렇다면 -18℃의 냉동실에서 만들어진 얼음은 냉동실 안에서 몇 도의 상태를 유지할까요?

혹시 얼음은 무조건 0℃라고 생각했나요? 사실 -18℃의 장소에서 언 얼음은 -18℃의 온도를 유지합니다. 만약 -196℃의 액체 질

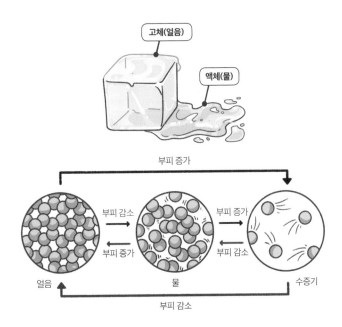

소 안에 얼음을 넣어 둔다면, -196℃의 얼음이 되는 것이지요. 이를 꺼내어 상온에 두면 주변의 열을 흡수해 점차 온도가 올라갑니다. 마침내 0℃가 되면 녹기 시작하고, 완전히 녹을 때까지 0℃를 유지합니다.

0℃ 이하의 얼음 상태에서 물 분자는 주위의 물 분자와 단단히 결합해 있어 움직일 수 없습니다. 그러나 0℃의 액체 상태가 되면 이리저리 움직일 수 있게 됩니다. 얼음에 가해진 열이 물 분자 사이의 결합을 끊기 때문입니다. 그래서 액체인 물은 담긴 용기에 따라 모양이 달라집니다.

끓는 물에서 나오는
김의 정체는?

· 물의 분자 운동 ·

물을 가열하면 표면에서는 증발 현상이 일어난다.
김에는 보통 1경 개의 물 분자가 있다.

냄비에 물을 넣고 가열하면 서서히 온도가 올라갑니다. 표면에서는 수증기가 떠오르는 증발 현상이 일어납니다. 증발은 온도가 올라갈수록 활발해집니다.

물의 내부도 살펴볼까요? 물의 내부에서 가장 먼저 발생하는 기포는 물에 녹아 있던 공기가 떠오른 것입니다. 온도가 올라가면서 더는 물에 녹아 있지 못하고 기포로 변한 것이지요. 100℃가 되면 활발하게 거품이 일면서 끓습니다. 이때의 기포는 수증기입니다. 가해진 열이 액체 상태인 물 분자 사이의 결합을 끊어 각각의 물 분자로 흩어지게 만듭니다.

이 수증기는 우리 눈에 보일까요? 물이 끓는 주전자의 입구를 보면 하얀 김이 보입니다. 사실 김 주위에는 육안으로 볼 수 없는 수증기가 함께 존재합니다. 수증기는 활발한 진동으로 뿔뿔이 흩어진 물 분자가 획획 날아다니는 상태입니다.

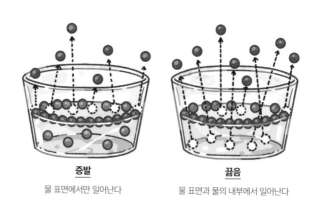

증발
물 표면에서만 일어난다

끓음
물 표면과 물의 내부에서 일어난다

증발과 끓음의 차이

흩어진 물 분자는 눈에 보이지 않습니다. 수증기가 무색투명이라 그 분자도 보이지 않는 것이지요. 1,500배 정도 배율의 성능 좋은 광학현미경으로도 이 물 분자를 볼 수 없습니다.

그에 반해 눈에 보이는 김에는 막대한 개수의 물 분자가 모여 있습니다. 김은 수증기와 달리 액체이기 때문입니다. 수증기가 공기 중으로 나왔을 때 작은 물방울로 변한 것이 바로 우리가 보는 김입니다. 차이는 있지만 김에는 보통 1경 개 물 분자가 있습니다.

수증기로
종이도 태울 수 있다고?

· 과열 수증기 ·

수증기를 가열하면 100℃보다 고온의 수증기가 된다.
고온고압의 수증기로 발전기를 돌려 전기를 생산한다.

끓는 물에서 나오는 수증기의 온도는 100℃입니다. 이 수증기를 가열하면 100℃보다 더 고온인 수증기가 됩니다. 수증기는 100℃에서 더 나아가 200℃, 300℃를 넘는 고온의 상태가 되기도 합니다.

수증기의 최고 온도는 100℃가 아닙니다. 300℃를 훌쩍 넘을 때도 있습니다. 이를 뜨겁고 건조한 수증기, 즉 과열 수증기라고 합니다. 과열 수증기에 성냥을 갖다 대면 불이 붙고, 종이도 태웁니다. 수증기에 젖는 것이 아니라 수증기에 타는 것입니다.

일상에서는 100℃가 넘는 수증기를 접할 일이 없습니다. 그래서 '물에 닿으면 무조건 젖는다', '수증기의 온도는 100℃가 최대다'라고 생각하는 사람이 많을 것입니다. 화력발전소나 원자력발전소에서는 물을 가열해 고온고압의 수증기를 만들고, 이를 이용해 발전기의 터빈을 회전시켜 전기를 만들기도 합니다.

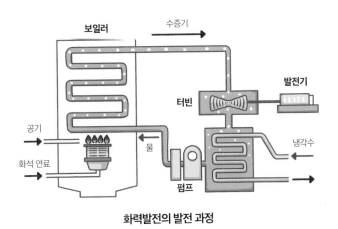

화력발전의 발전 과정

얼음이 가라앉지 않는
과학적인 이유

· 물 분자의 결합 ·

물은 다른 물질과 다르게 고체가 액체보다 가볍다.
고체인 물이 액체인 물보다 가벼운 건 물 분자의 결합 방식 때문이다.

물은 자연에 있는 다른 물질과는 다른 성질을 가지고 있습니다. 가장 큰 특징은 서로 같은 부피일 때 고체인 얼음이 액체인 물보다 더 가볍다는 점입니다. 대부분 물질은 액체일 때보다 고체일 때 더 무겁습니다.

예를 들어, 밀랍(파라핀)을 액체로 만든 것에 밀랍 덩어리(고체)를 넣으면 가라앉습니다. 또, 상온에서 유일하게 액체 상태의 금속인 수은을 고체 수은으로 만들어 액체 수은 속에 넣으면 가라앉습니다. 이는 액체 상태일 때보다 고체 상태에서 원자와 분자 간의 결합이 더욱 강력해 서로 간의 틈이 작아지고, 이에 밀도가 커지기 때문입니다.

물은 액체일 때보다 고체일 때 더 가볍습니다. 게다가 대부분 물질은 액체 상태일 때 온도가 올라가면 팽창하면서 가벼워지지만, 특이하게도 물은 4℃일 때 가장 무겁습니다. 만약 얼음이 0℃인 물보다 무겁다면, 수면에서 냉각된 얼음은 생성되자마자 바닥으로 기라앉을 것입니다. 강이든 바다든 바다이 얼음으로 가득하겠지요. 그러나 누구나 아는 것처럼 얼음은 수면 위에 계속 머무릅니다. 0℃보다 기온이 더 내려가더라도 물속 생물이 생존을 유지할 수 있는 이유입니다.

물은 왜 고체가 액체보다 더 가벼울까요? 그 원인은 물 분자의 결합 방식에 있습니다. 물 분자는 한 개의 산소 원자에 두 개의 수소 원자가 결합해 만들어집니다. 여기서 두 수소 원자는 일정

각도(104.5℃)를 이루는 꺾은선 모양을 하고 있습니다.

물 분자의 수소 원자와 주변의 다른 물 분자의 산소 원자는 양
(+)전하와 음(-)전하로 서로를 끌어당깁니다. 이 결합을 수소 결합
이라고 합니다. 수소 결합은 일반 분자 간의 끌어당김보다도 강
력합니다. 이를 다르게 표현하면 '물 분자는 분자 내의 전기적 치
우침이 큰 분자다'라고 표현할 수 있습니다.

보통 얼음은 물 분자의 수소 결합으로 결정을 이룹니다. 수소
결합으로 만들어진 결정은 육각형 모양으로 배열되어 있는데, 눈
의 결정도 이 구조로 배열되어 육각형 모양입니다. 얼음은 수소
결합 때문에 틈새가 커진 것입니다.

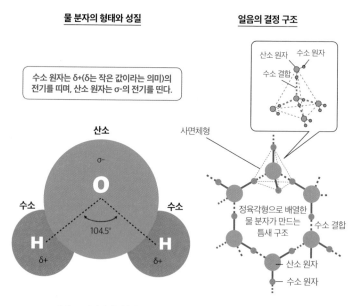

물 분자의 형태와 성질

수소 원자는 δ+(δ는 작은 값이라는 의미)의
전기를 띠며, 산소 원자는 σ-의 전기를 띤다.

산소

σ-

O

수소   수소

104.5°

H   **H**

δ+   δ+

얼음의 결정 구조

산소 원자   수소 원자

수소 결합

사면체형

정육각형으로 배열한
물 분자가 만드는
틈새 구조

수소 결합

산소 원자

수소 원자

출처: 주식회사 마에카와제작소 홈페이지를 바탕으로 SB크리에이티브 주식회사가 작성

물이 액체가 되면 상당수의 수소 결합이 끊어지고, 물 분자가 난잡하게 움직이게 됩니다. 수소 결합이 사라지면 물 분자 사이의 틈이 메워져 밀도는 커집니다.

물은 무엇이든
녹일 수 있다고?

· 용매로써의 물 ·

물은 여러 물질을 녹일 수 있다.
녹는 물질은 용질, 녹이는 물질은 용매라고 부른다.

물에 여러 가지 물질을 넣고 휘저어 봅시다. 자당(설탕의 주성분)을 넣으면 자당의 모습은 사라지고 무색투명의 액체가 됩니다. 이를 '자당이 물에 녹았다'라고 표현합니다. 감자 전분을 넣으면 물이 하얗게 탁해지고 시간이 지나 전분은 바닥에 가라앉습니다. 물에 물질을 넣었을 때 계속 떠 있거나 가라앉거나 물이 탁해진다면 그 물질은 물에 녹지 않은 것입니다.

물은 물질을 녹이는 능력이 큽니다. 비는 대기 중의 기체를 녹입니다. 강물은 지상의 다양한 물질을 녹여내며 바다로 흘러갑니

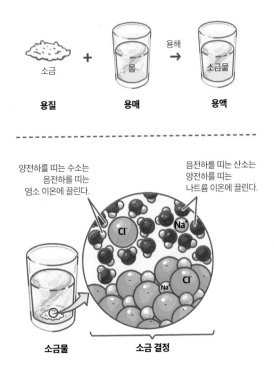

소금   +   물   용해 →   소금물

용질   **용매**   **용액**

양전하를 띠는 수소는 음전하를 띠는 염소 이온에 끌린다.

음전하를 띠는 산소는 양전하를 띠는 나트륨 이온에 끌린다.

Cl⁻   Na⁺

Na⁺   Cl⁻

소금물   **소금 결정**

다. 바닷물에는 1L당 약 35g의 염류가 녹아 있습니다. 금과 은은 물론이고 우라늄까지 약 60종 이상의 원소가 녹아 있습니다. 물은 심지어 유리도 녹입니다.

우리의 몸으로 눈을 돌려 봅시다. 음식을 먹으면 음식에 들어 있는 전분, 단백질, 지방은 위와 장에서 소화되어 물에 녹습니다. 물에 녹은 영양분은 체내에 흡수되어 혈액의 흐름을 타고 몸 구석구석의 세포까지 운반됩니다. 노폐물 또한 물에 녹아 소변이나 땀을 통해 몸 밖으로 배출됩니다.

등유나 휘발유, 식용유, 지방 등의 유기화합물(탄소를 중심으로 한 화합물)은 물에 잘 녹지 않는 것이 많습니다. 전혀 녹지 않는 것은 아니고, 일부분은 물에 녹습니다. 그러나 이들은 같은 기름에서 훨씬 더 잘 녹습니다. 그래서 유성 잉크를 물이 아닌 아세톤이나 벤진(석유를 정제해 만든 물질의 일종)과 같은 유기 용제를 이용해 지우는 것입니다.

유기화합물 중에서도 에탄올과 자당 등은 물에 잘 녹습니다. 에탄올은 비율과 상관없이 물에 녹으며, 자당은 20℃의 온도에서 물의 양이 100g일 때 약 204g까지 녹습니다. 이는 이들의 분자에 물과 친화성이 좋은 하이드록시기(hydroxyl group, -OH)가 결합되어 있기 때문입니다. 이처럼 물은 녹는 양이 적더라도 아주 많은 종류의 물질을 녹입니다.

아는 만큼 보이는 세상 | 화학 편

남자와 여자 중 누가
체내 수분량이 더 많을까?

· 체내 수분량 ·

남녀의 체내 수분량 차이는 근육, 지방 조직의 양이 달라서 생긴다.
근육 조직의 약 72% 정도가 수분이다.

물은 우리 생명에 없어서는 안 되는 중요한 물질입니다. 사람은 음식 없이는 최대 5주까지 생존할 수 있지만, 물 없이는 3~5일 정도밖에 살지 못합니다. 그래서 불교의 승려들은 단식을 하더라도 물은 마십니다.

물은 영양분이나 산소를 운반하고, 신체에 필요한 다양한 화학 반응을 일으킵니다. 또한 체온이나 삼투압(용질의 농도가 높은 쪽으로 물이 이동할 때 발생하는 압력)을 조정하고 위생을 유지하는 데 도움을 주므로 생존하는 데 반드시 필요합니다. 그렇기에 인류는 정착 생활을 시작한 뒤에도 깨끗한 물이 있는 곳에 모여 살았던 것입니다.

20세의 건강한 남녀를 기준으로 보면, 남성의 약 60%가 물로 이루어져 있습니다. 여성은 이보다 더 많을까요, 적을까요? 사실 여성은 체중의 약 55%가 물로, 남성보다 더 적습니다. 남녀의 근

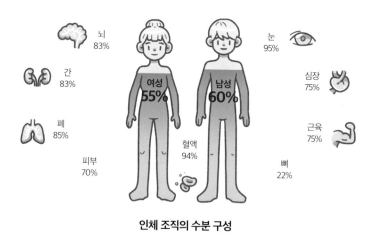

인체 조직의 수분 구성

육 조직과 지방 조직의 양이 서로 달라서 생긴 차이입니다.

뇌, 장, 신장, 근육, 간 등은 수분이 평균 80% 정도로, 신체의 다른 부위보다 비교적 수분이 많습니다. 그러나 지방 조직(피하 조직)은 약 33%로 수분의 양이 적습니다. 비계와 살코기(근육)를 떠올려 봅시다. 냉동된 고기를 해동했을 때 수분이 많이 나오는 부위는 비계가 아니라 살코기입니다.

근육은 약 72~75%(중량) 정도가 수분으로 알려져 있습니다. 보통 남성이 여성보다 더 활력 있어 보이는 경우가 많은데, 이는 근육이 많아 신체에 더 많은 수분을 품고 있기 때문입니다.

세상에서 가장
위험한 화학 물질, DHMO

· 화학 물질의 이름 ·

DHMO는 디하이드로젠 모노옥사이드(dihydrogen monoxide)의 약어이다.

⚠ **DANGER**

Dihydrogen monoxide is colorless and odorless.

Accidental inhalation of DHMO may be fatal.

Prolonged exposure to its solid form causes severe tissue damage.

Symptoms of DHMO ingestion can include excessive sweating and urination, and possibly a bloated feeling, nausea, vomiting and body electrolyte imbalance.

미국의 한 학생이 '디하이드로젠 모노옥사이드(DHMO)'라는 이름의 화학 물질의 사용 금지를 호소하며 서명 활동을 벌인 적이 있습니다. DHMO는 무색(無色), 무취(無臭), 무미(無味)의 물질로, 매년 셀 수 없을 만큼 많은 사람을 죽이고 있다며 말입니다.

사인의 대부분이 DHMO의 우연한 흡입으로 발생하고, 고체 상태의 DHMO에 노출되는 것만으로도 극심한 피부 장애가 일어난다고 주장했습니다. 이 소식을 접한 전 세계의 많은 사람이 경각심을 느끼고 서명 활동에 동참했습니다.

이는 산성비의 주성분이며 온실효과의 주원인이기도 합니다. 또한, 오늘날 거의 모든 하천과 호수에서 발견되는데, 남극의 얼음에서도 발견된다고 합니다. 그가 주장한 DHMO는 어떤 물질일까요?

사실 DHMO를 화학식으로 나타내면 H_2O입니다. 다시 말해, 물이라는 뜻입니다. 위에서 언급한 학생은 왜 이름까지 바꿔가며 물의 사용 금지를 주장했을까요? 그는 과학 교육의 필요성을 세상에 호소하기 위해 이러한 서명 활동을 벌인 것입니다. '디하이드로젠 모노옥사이드'라는 무시무시한 이름에 덜컥 속아 넘어가는 사람이 많다는 사실에 경종을 울린 것이지요.

이처럼 화학 물질에는 언뜻 보기에는 무서운 이름들이 많습니다. 화학과 관련한 지식을 갖춘다면, 더 이상 허상에 속지 않고 물질의 실체를 파악할 수 있습니다.

'대기'와 '공기'는
같을까 다를까?

· 대기권의 구성 ·

대류권과 성층권의 대기를 공기라고 부른다.
오존층은 자외선을 흡수하고 온도를 조절해 준다.

우주에 조금이라도 관심이 있다면 '대기'라는 단어를 들어본 적이 있을 것입니다. 대부분이 대기와 공기가 서로 같은 단어라고 생각하지만, 두 단어를 완전히 같은 말이라고 보기는 어렵습니다. 그렇다면 대기와 공기는 무엇이 다른 걸까요?

일반적으로 대기란 지구를 감싸고 있는 기체의 층을 의미하며, 대기권이라고도 부릅니다. 대기권은 우주의 운석이나 태양의 해로운 방사선으로부터 지구를 지키는 고마운 존재입니다. 대기는 지상에서부터 대류권, 성층권, 중간권, 열권, 외기권(외권)의 순서대로 존재합니다.

우리는 대류권과 성층권의 대기를 공기라고 부릅니다. 공기는 지상에서 멀리 떨어질수록 밀도가 작아집니다. 밀도란 부피에 대한 질량의 비, 즉 단위 부피당 질량을 말합니다. 공기 밀도가 작아진다는 것은 공기가 희박해진다는 의미입니다. 예를 들어, 지상에서부터 약 7km의 높이에서는 공기 밀도가 지표 부근의 2분외 1 수준으로 작아집니다.

지구의 생물은 대기권의 바닥인 대류권에서 생활합니다. 아주 빠른 속도로 하늘을 나는 제트기는 일반적으로 지상에서 약 10km 부근의 대류권에서 비행합니다. 이 높이에서는 공기 밀도가 지상의 33.7%까지 작아지기에 비행할 때 저항력을 줄일 수 있다는 장점이 있습니다. 또한, 희박하더라도 엔진에 필요한 산소를 얻을 수 있습니다.

구름이나 비 등의 대류 현상이 일어나는 곳도 대류권입니다. 대류권은 다른 대기권과 비교했을 때 고도에 따른 온도 변화가 유독 심합니다. 높이 1km당 기온이 약 6.5℃씩 내려갑니다. 대류권에서 온도 변화가 큰 이유는 온도가 지표면에서 올라오는 복사열의 영향을 크게 받기 때문입니다. 지표면에서 멀어질수록 열을 전달할 대기 입자가 줄어들어 온도가 급격히 하강하는 것입니다.

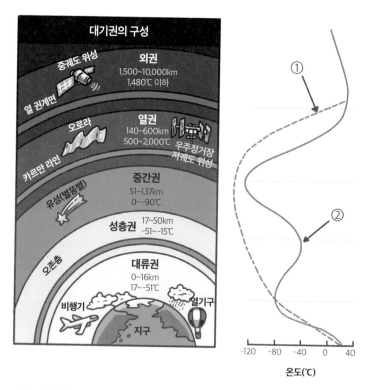

① 만약 성층권에 오존층이 없어서 태양 자외선을 흡수하지 않았을 경우 대기의 기온 분포
② 성층권의 오존층이 태양복사 에너지를 흡수해서 온도 상승

아는 만큼 보이는 세상 | 화학 편

반대로 성층권에서는 위쪽으로 올라갈수록 따뜻해지고, 지표면에 가까워질수록 온도가 내려갑니다. 따뜻하고 가벼운 공기가 위로, 차갑고 무거운 공기가 아래로 내려가기 때문입니다. 이러한 특성 때문에 대류가 일어나기 어렵고 대기가 안정되어 있습니다. 또한 성층권에는 태양광 중 해로운 자외선을 99% 흡수하는 오존층이 존재합니다.

지표 부근과 산 정상의
공기는 무엇이 다를까?

· 공기의 성분 ·

공기는 산소, 질소, 이산화탄소, 아르곤 등으로 구성되어 있다.
공기의 양과 상관없이 공기의 성분 비율은 변하지 않는다.

공기는 생물의 호흡이나 식물의 광합성과 깊은 관련이 있고, 물질이 연소하거나 금속이 녹스는 등 물질의 변화와도 관계가 있습니다. 또한, 공기의 각 성분은 우리의 일상과도 많은 연관이 있습니다.

산소는 생물의 호흡이나 물체 연소에 꼭 필요한 기체입니다. 물에 어느 정도 녹기 때문에 물고기 등의 수중 생물이 물속에서 생활할 수 있습니다. 또한, 다른 물질과 반응하기 쉬운 성질(산화력)을 지녔습니다. 성층권의 오존층을 구성하는 '오존'이라는 가스는 세 개의 산소 원자가 결합해 생긴 분자입니다.

질소는 다른 물질과 반응하기 어려운 성질을 가지고 있습니다. 산소에 노출된 식품은 변질되기 쉬우므로, 식품을 담은 용기 안에 질소를 충전해 이를 막기도 합니다. 고온에서는 산소와 결합하여 일산화질소나 이산화질소 등의 질소산화물을 만듭니다.

이산화탄소는 광합성의 원료입니다. 광합성이란 빛 에너지를 생명 활동에 필요한 화학 에너지로 바꾸는 과정을 의미합니다. 식물은 태양 에너지를 이용해 이산화탄소와 물을 전분(탄수화물)으로 만들어 성장합니다. 화산의 분화, 석유, 천연가스, 목재 등이 연소될 때 이산화탄소가 생성됩니다. 또한, 동물이 호흡할 때도 이산화탄소를 내뱉습니다.

아르곤은 다른 물질과 반응하지 않는 기체입니다. 그래서 공기 중에 조용히 존재하다가 1894년이 되어서야 인류에게 발견됩니다. 반응성이 거의 없기 때문에 게으름뱅이를 뜻하는 그리스 어 'Argos'에서 이름을 따왔습니다.

재미있는 사실은 공기가 희박해져도 공기의 성분 조성(비율)은 변하지 않는다는 것입니다. 지구상에서 공기의 성분비는 거의 모든 곳에서 동일합니다. 지상의 건조한 공기는 약 78%가 질소, 약 21%가 산소로 전체 공기의 99%가 이 두 가지 기체로 이루어져 있습니다. 그밖에 아르곤 0.9%, 이산화탄소 0.04% 등이 포함됩니다. 이는 절대적인 것이 아니며, 장소나 계절에 따라 조금씩 차이가 있습니다.

공기의 비율을 건조한 공기를 기준으로 살피는 이유는 일정하지 않은 수증기의 양 때문입니다. 공기에는 수증기가 포함되어 있는데, 환경에 따라 그 양이 달라집니다. 예를 들어 20℃의 공기 1m³ 속에는 최대 17.3g까지, 30℃의 공기 1m³ 속에는 최대 30.4g

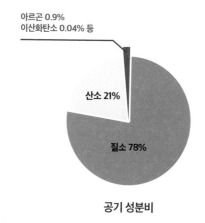

공기 성분비

까지 수증기를 포함할 수 있습니다. 온도가 높은 공기 쪽이 더 많은 수증기를 포함할 수 있는 것입니다.

수증기를 최대한으로 포함한 공기는 상대 습도가 100%인 상태라고 표현합니다. 그 절반이면 상대 습도 50%로 표기합니다.

공기를 확대하면
무엇이 보일까?

· 공기의 분자 운동 ·

기체 분자는 '뿔뿔이 획획' 날아다닌다.

기체는 분자들이 하나하나 흩어져 날아다니는 상태입니다. 공기를 약 1억 배로 확대해서 보면 지름이 1~2cm 정도 되는 여러 종류의 분자가 아주 빠른 속도로 운동을 하며 서로 충돌하고 있습니다. 예를 들어, 주위 온도가 20℃인 경우에는 산소 분자가 초속 500m에 가까운 속도로 움직이고 있습니다.

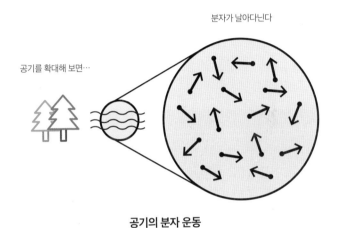

공기의 분자 운동

왜 인류만이 불을 다루는 기술을 가졌을까?

· 인류의 진화 ·

직립 보행이 인류 진화의 시작이다.
인류는 약 12만 5천 년 전부터 불을 피우는 기술을 가지고 있었다.

학자들은 인류사가 시작된 시기를 지금으로부터 약 700만 년 전으로 추정합니다. 인류는 원숭이, 고릴라, 침팬지 등의 유인원과 공통 조상을 두었습니다. 다만, 인류는 수백만 년 전 이들과 갈라졌고, 지상에서 직립 보행을 시작했습니다.

직립 보행 덕분에 두 앞발이 자유로워졌고 도구를 사용하게 되었습니다. 나무나 돌과 같은 천연 재료로 도구를 만들었으며, 도구를 만들기 위한 도구도 만들었습니다. 침팬지처럼 인간 외에도 도구를 사용하는 동물이 있지만, 도구를 만들기 위한 도구를 만드는 동물은 없습니다.

인류의 진화

시기	특징
약 700만 년 전 (오스트랄로피테쿠스 시대)	
약 400만 년 전 (선행인류 시대)	
약 200만 년 전 (원인류 시대)	호모 에렉투스. 아프리카에서 원시 인류가 탄생했고, 시간이 지날수록 점점 뇌가 커지고 지능이 발달해 도구를 제작하기 시작한다. 처음에는 죽은 동물의 고기를 찾아다녔으나, 점점 적극적으로 사냥에 뛰어든다.
약 60만 년 전 (고생인류 시대)	아프리카에서 고생 인류가 탄생한다. 손·뇌·도구의 상호작용이 진행되면서 더욱 뇌가 커진다. 중대형 동물의 사냥이 활발해졌다.
약 20만 년 전(현생인류 시작)	아프리카에서 호모 사피엔스가 탄생
약 6만 년 전	아프리카에서 호모 사피엔스(일부 구인과의 혼혈)가 전 세계로 퍼졌다.
약 1만 년 전~	농경과 목축을 시작

또한, 인간은 다른 동물과는 달리 불을 사용합니다. 언제부터, 어떻게 불을 사용할 수 있게 되었는지는 명확하게 알려지지 않았습니다. 화산 폭발이나 낙뢰로 화재가 일어났을 때 얻은 불씨를 이용해 생활하는 데 불을 활용하기 시작했을 것이라 추측합니다.

처음에 인류는 자연적으로 발생한 불씨만을 활용했을 것이나, 점차 스스로 불을 피울 수 있게 되었을 것입니다. 이것이 발화 기술입니다. 주로 나무와 나무를 마찰시켜 불을 피웠을 것이나 나무는 오랜 시간 남기 어려워 이와 관련한 유물의 발굴 수가 많지는 않습니다.

불이 일상적으로 사용되었음을 보여주는 증거는 12만 5,000년 전 아프리카 유적에서 발견되었습니다. 발견된 유적을 조사했을 때, 당시 인류가 불을 피우는 기술을 가지고 있었을 것이라 추측합니다.

여기서 우리가 주목해야 할 사실은 인류가 진화의 초기 단계에서 불을 제어할 수 있었다는 점입니다. 이는 인류 진화의 과정에 매우 큰 영향을 끼칩니다.

인류가 가장 처음 알게 된 화학 변화는?

· 화학 변화 ·

연소는 가장 오래되고 가장 중요한 화학 변화이다.
불을 다루게 되면서 인류의 발전이 일어났다.

물질이 타는 것은 인류가 알게 된 가장 오래되고 가장 중요한 화학 변화입니다. 불은 맹수로부터 자신의 몸을 보호하고, 토기와 도자기, 더 나아가 철을 만들 수 있었습니다. 모두 불을 다룰 수 있었기에 가능한 일이었습니다. 인류가 불을 다루는 기술을 손에 넣으면서 일어난 일은 크게 식생활의 변화, 거주지의 확대, 도구의 발명, 불을 사용하기 위한 도구의 발명 등 네 가지로 나눌 수 있습니다.

먼저, 식생활의 변화입니다. 날것으로 먹을 수 없었던 어패류, 초목 뿌리, 덩이줄기 등이 식량으로 바뀌었습니다. 또한 식량을 전보다 오래 보존할 수 있게 되어, 식량을 구하기 위해 매일 나가지 않아도 괜찮았습니다.

유인원	원시인류	호모 하빌리스	호모 에렉투스	호모 사피엔스
1,500만 년 이전	600~800만 년 전	230만 년 전	200만 년 전	20~30만 년 전
과일	과일	잡식	잡식, 불, 조리	육식, 불, 조리

둘째, 거주지가 확대되었습니다. 음식을 구하기 쉬워졌고 온기도 유지할 수 있게 되어 전보다 안정된 생활을 하게 됩니다. 이를 바탕으로 하천과 해안을 따라 거주지를 확대해 나갔습니다.

세 번째는 도구의 발명입니다. 인류는 손에 넣은 열을 효과적으로 이용하기 위해 다양한 도구를 만들었습니다. 처음 만들어진 것은 '화덕'입니다. 처음에는 돌로 만든 화덕만 있었지만, 점점 기술이 발전해 땅을 파거나 점토로 이용해 화덕을 만들기 시작했고, 이윽고 고온을 낼 수 있는 화로까지 만들었습니다. 또한 풀무를 개발하면서 더욱 고온의 불을 손에 넣게 되었고, 그 불을 이용해 광석에서 금속을 채취하였습니다.

마지막 네 번째는 불을 사용하기 위한 도구의 발명입니다. 먼저 음식을 조리하는 그릇이 만들어집니다. 처음에는 열에 강한 토기를 만들었고, 시간이 지나서는 유약을 칠한 도자기를 만들었습니다.

불을 사용하기 전의 인류는 자연의 산물을 도구로 삼았습니다. 예를 들어, 동물의 뼈를 막대기로 만들거나 조약돌을 깎아 칼로 사용했습니다. 이들은 형태가 변화해도 성질은 그대로여서 질적인 변화는 없었습니다. 그런데 불을 이용하자 기존의 물질을 이용해 새로운 물질을 만들 수 있게 되었습니다. 이러한 질적 변화를 화학 변화라고 합니다. 인류는 불을 다룰 수 있었기에 화학 변화도 일으킬 수 있었던 것입니다.

불에 타는 것은 재와
'이것'으로 되어 있다?

· 플로지스톤설 ·

고대에는 세상이 불, 공기, 물, 흙으로 이루어졌다는 4원소설이 있었다.
18세기에는 '플로지스톤설'이 연소 현상을 설명하는 이유로 각광받았다.

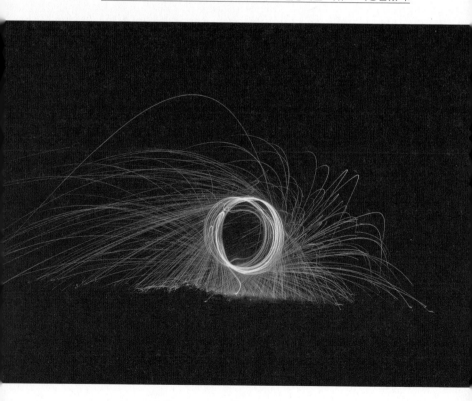

중세 너머 근대까지 영향을 준 고대의 사고방식 중에는 4원소설이라는 이론이 있습니다. 4원소설을 주장한 이들은 세상의 모든 것이 '불, 공기, 물, 흙' 네 가지 원소로 이루어져 있다고 보았습니다.

불의 중요성은 고대 그리스 시대에도 이미 알았기에, 여기에서도 당연히 불이 빠지지 않습니다. 이러한 4원소설의 영향 덕분에 인류는 '불이란 대체 어떤 것일까?', '불에 타는 물질과 타지 않는 물질은 무엇이 다른 것일까?'와 같은 의문을 품었고, 오랜 세월 동안 이를 밝히기 위해 노력했습니다.

18세기 초 독일의 화학자 게오르크 에른스트 슈탈은 '가연성 물질은 재와 플로지스톤으로 이루어져 있으며, 이 플로지스톤이 있기에 물질은 연소된다'라고 주장했습니다. 불을 밝히는 초를 예로 들어 보겠습니다. 이들은 초에 불이 붙는 이유가 플라지스톤 입자

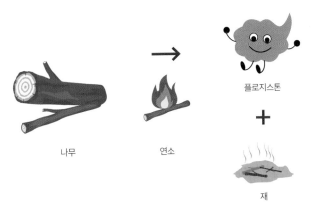

나무   연소   플로지스톤

                            +

                            재

플로지스톤설에 의한 물질의 연소

덕분이며, 플라지스톤이 모두 연소되어 사라지면 초의 연소 과정도 끝난다고 보았습니다. 이것을 '플로지스톤설'이라고 합니다.

그러나 이 이론은 얼마 지나지 않아 폐기됩니다. 금속도 불에 탄다는 사실을 발견했기 때문입니다. 스틸 울처럼 아주 잘게 만든 철은 불을 붙이면 탑니다. 이외에도 금속에는 연소하는 물질이 여럿 있습니다. 신기하게도 이들의 질량은 연소하기 전보다 연소한 뒤에 더 증가해 있습니다.

왜 이러한 현상이 발생하는 걸까요? 철이 산소와 결합하면 산화철이 됩니다. 다시 말해, 산소가 더해진 무게만큼 질량이 무거워진 것입니다. 그러나 당시 많은 학자들이 플로지스톤설을 지지했고, 이들은 '플로지스톤은 음의 질량을 가지고 있다'라는 다소 무리한 가정을 통해 이를 설명하고자 했습니다.

플로지스톤설은 18세기 말까지 화학계에 큰 영향을 미쳤습니다. 그러나 플로지스톤설의 모순에 의문을 가졌던 프랑스 화학자 앙투안 라부아지에가 실험을 통해 플로지스톤이 없다는 것을 증명하면서 이 이론은 영원히 폐기됩니다.

최초로 산소를
발견한 사람은 누구일까?

· 산소의 발견 ·

산소는 빠른 연소를 도와주는 기체이다.
사진은 산소를 발견한 조지프 프리스틀리이다.

18세기 후반에는 다양한 종류의 기체가 발견되었고, 이들의 성질에 관한 연구가 시작되었습니다. 1756년 스코틀랜드 화학자 조지프 블랙은 석회석(탄산칼슘)을 구우면 생석회(산화칼슘)가 생기고 기체가 방출된다는 것을 발견했습니다. 그 기체를 석회석 속의 '고정 공기'라고 불렀습니다.

현대 화학에서는 이를 '탄산칼슘($CaCO_3$)이 산화칼슘(CaO)과 이산화탄소(CO_2)로 분해되어 발생한 화학 반응'이라고 설명합니다. 이들이 발견한 고정 공기는 이산화탄소였던 것입니다. 다시 말해, 고정 공기란 이산화탄소의 아주 오래된 명칭입니다. 이산화탄소가 발견된 뒤로 수소, 질소, 산화질소, 암모니아, 염화수소 등등의 기체도 발견되었습니다.

그렇다면 산소는 언제 발견되었을까요? 기체 화학 연구의 정점이라고 불리는 산소의 발견은 18세기 칼 빌헬름 셸레와 조지프 프리스틀리에 의해 이루어졌습니다. 두 사람은 각각 독자적으로 산소를 발견했습니다. 셸레는 산화수은 등을 가열해 보통의 공기에서보다 훨씬 더 빠르게 초가 연소하는 기체를 얻었고, 이를 불의 공기라 불렀습니다. 또, 프리스틀리는 산화수은을 가열해 연소와 호흡을 도와주는 기체를 얻었고, 이를 탈플로지스톤 공기라고 이름 지었습니다.

이들이 연구에서 사용한 산화수은은 가열하면 쉽게 분해되어 수은과 산소가 됩니다. 이렇게 만들어진 수은을 공기 중에서 또

가열하면 수은 표면에 산화수은이 생깁니다. 이러한 신기한 특성 때문에 중세 시대의 연금술사들은 산화수은을 자주 활용했습니다.

산소 때문에 불이 타는 것은
누가 발견했을까?

· 화학 변화 ·

물질이 연소하는 이유는 산소와 가연성 물질의 화학 변화 때문이다.

라부아지에는 근대 화학의 아버지라 불립니다. 그는 셸레와 프리스틀리가 발견한 공기 중의 기체를 산소라고 명명했고, 물질이 연소하는 이유가 가연성 물질과 산소의 화학 변화 때문임을 밝혔습니다. 현대 화학에서는 라부아지에의 이론에 설명을 추가해 물질이 열과 빛을 내며 격렬하게 산소와 반응하는 현상을 연소라 정의합니다.

플로지스톤설에 의한 연소

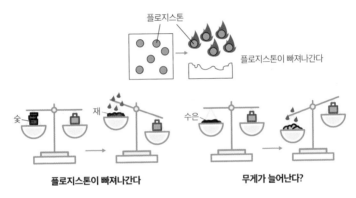

라부아지에의 연소 이론

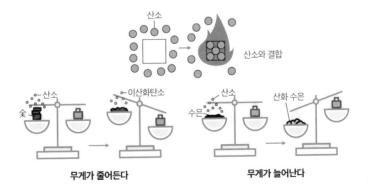

이외에도 라부아지에는 원소를 '더 이상 화학적으로 분해할 수 없는 기본 성분'으로 정의하였고, 33종으로 이루어진 주기율표를 발표합니다. 또한, 과학적으로 물질의 이름을 짓는 방법(명명법)을 확립해 화학의 기초를 닦았습니다. 그렇게 화학은 자연과학의 확실한 한 분야가 되었습니다.

물질이 연소하려면
꼭 필요한 것들

· 연소의 3조건 ·

연소를 위해서는 연소할 물질, 산소, 온도가 필요하다.
우리 주위에는 연소하는 물질(가연성 물질)과 산소가 많다.

연소 반응이 일어나려면 우선 연소하는 물질(가연성 물질)이 있어야 합니다. 또한, 연소하는 물질과 반응하는 산소가 필요하겠지요. 그렇다면 앞의 두 요소만 있으면 연소가 시작될까요? 그렇지 않습니다. 어느 일정 이상의 온도가 되지 않으면 연소는 시작되지 않습니다.

　물질이 연소하기 위해서는 첫째, 연소하는 물질(가연성 물질), 둘째, 산소, 셋째, 일정 이상의 온도(발화 온도와 인화 온도)의 세 가지 조건이 필요합니다.

　물질에 불을 붙일 수 있는 최저 온도를 '발화 온도(발화점)'라고 합니다. 공기 중에서 물질을 가열할 때 스스로 발화하여 연소하기 시작하는 온도입니다. 그리고 불을 물질에 가까이 대었을 때 불이 붙는 현상을 인화라고 하며, 인화가 일어나는 최저 온도를 '인화 온도(인화점)'라고 합니다.

　석유난로는 등유를 넣어 사용합니다. 등유의 인화점이 상온보

연소의 3요소

다 높아 심지 부분만 연소되기 때문입니다. 그러나 휘발유는 절대 넣으면 안 됩니다. 휘발유는 인화점이 낮아서 불을 붙이면 심지뿐만 아니라 휘발유 본체가 연소하기 때문입니다.

보통 튀김은 180℃에서 튀깁니다. 튀김 기름의 인화점은 약 250℃ 이상, 발화점은 약 360℃에서 380℃ 사이이므로 180℃ 정도면 인화점과 발화점을 초과하지 않습니다. 그렇지만 한눈을 팔다가 기름에서 연기가 날 만큼의 온도가 되면 인화합니다.

우리 주위에는 연소하는 물질(가연성 물질)과 산소가 많습니다. 화재를 예방하기 위해서는 물질이 발화점이나 인화점을 넘지 않도록 주의하고 불씨를 꺼트려야 합니다.

2

CHAPTER

사회를
획기적으로
발전시킨
화학

- 금속 -

금속은
무엇일까?

· 금속의 특징 ·

금속은 광택, 전도율, 전성과 연성의 특징을 지닌다.
원소를 화학적 특성에 따라 배열한 '주기율표'가 있다.

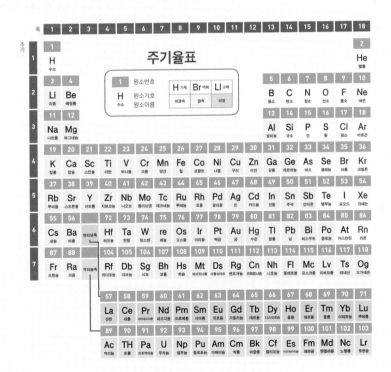

원소는 원소의 주기율표로 정리되어 있습니다. 현재 우리가 다루는 원소는 총 118종류이며, 원자번호 92번 우라늄까지 총 92종류의 원소가 자연적으로 존재하는 원소입니다. 이 중 70종이 금속 원소이고 나머지 22종은 비금속 원소입니다. 금속 원소의 비율이 76%나 되는 것입니다.

금속 원소만으로 이루어진 금속에는 ① 금속 광택을 지녔다, ② 전기나 열의 전도율이 높다(전기나 열을 잘 전달한다), ③ 두드리면 얇게 퍼지는 전성과 당기면 늘어나는 연성이 있다는 공통적인 특징이 있습니다.

비금속에는 이처럼 공통된 특징이 없습니다. 여기서 금속광택이란 은색, 금색 등 금속이 내는 독특한 광택을 의미합니다. 금은 금색, 구리는 붉은색, 철과 알루미늄은 은색 등 각 금속은 고유한 색을 지니고 있습니다. 그러나 금속을 연마하면 모두 반짝반짝 빛나는 금속 광택이 나타납니다. 이 금속 광택은 금이나 구리 외

① 금속 광택	② 전기·열의 열전도율	③ 전성·연성

(닦으면) 반짝인다.	전기나 열을 전달하기 쉽다.	얇아진다, 늘어난다.

금속의 3대 특징

에는 모두 은색을 띱니다. 이러한 금속 광택 덕분에 우리는 금속을 보는 즉시 금속이라는 사실을 알아차릴 수 있습니다.

금속은 다른 물질에 비해 유독 전기가 잘 통합니다. 왜 그런 걸까요? 사실 금속에서 광택이 나는 이유와 전기가 잘 통하는 이유는 서로 같습니다. 바로 금속만의 독특한 원자 결합방식 때문입니다. 금속 원자들은 다른 금속 원자와 결합할 때 자신들의 가장 바깥에 있는 전자를 공유합니다.

이 과정에서 외부로 내놓인 전자들은 일종의 구름 형태로 존재하며 원자 사이를 자유롭게 돌아다닙니다. 이를 전자구름이라고 부릅니다. 전자들은 이 전자구름 속에서 서로 결합하고, 덕분에 금속 원자들은 재료를 형성할 수 있게 됩니다. 이러한 금속의 결합 방식을 '금속 결합'이라고 합니다.

이때 전기로 이루어진 전자들이 전자구름으로 이루어진 금속의 표면과 내부를 자유롭게 돌아다님으로써 금속 전체에 전기가 잘 통하게 됩니다. 또한 전자구름은 가시광선을 받으면 흡수했다가 다시 내보내는 방식으로 빛을 반사합니다. 이는 금속에서 광택이 나는 이유입니다.

칼슘은
무슨 색일까?

칼슘은 흰색이기도 하고 아니기도 하다.
원소마다 색깔이 모두 다르다.

"칼슘은 무슨 색일까요?" 하고 질문을 하면 "흰색이요"라고 대답하는 사람이 많습니다. 우리가 일상에서 흔히 접하는 칼슘은 칼슘의 화합물이며, 칼슘만 존재하는 칼슘의 홑원소 물질(금속 칼슘이라고도 함)은 화학자가 아니면 보기 힘들기 때문입니다.

칼슘의 홑원소 물질은 알칼리 토금속(alkaline earth metal)에 속하며, 은색을 띠고 있습니다. 반면 탄산칼슘(석회암, 달걀껍데기, 조개껍데기의 성분), 수산화칼슘(소석회), 산화칼슘(생석회) 등 칼슘의 화합물은 모두 흰색입니다. 나트륨과 칼륨의 홑원소 물질도 칼슘처럼 은색 빛이 나는 금속입니다. 참고로, 불꽃에 연소 시킬 때에도 원소마다 다른 색깔이 나타납니다.

이 물질들은 반응성(물과 같은 다른 물질이나 충격에 반응하여 압력, 온도 등의 상승을 유발하는 특성)이 크기 때문에 공기 중의 산소나 물과 만나지 않도록 등유에 담아 보관합니다. 실제로 이들이 물과 만나면 격렬하게 반응해 폭발하는 경우가 많습니다.

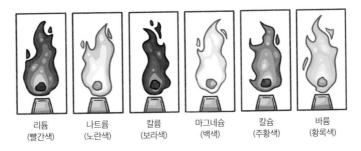

리튬	나트륨	칼륨	마그네슘	칼슘	바륨
(빨간색)	(노란색)	(보라색)	(백색)	(주황색)	(황록색)

원소의 불꽃반응색

나트륨과 칼륨은 대부분 자연에서 화합물 상태로 존재합니다. 이 원소들은 다른 원소들과 매우 강하게 결합해 있어 쉽게 추출할 수 없습니다. 또한 추출했다고 해도 공기 중의 산소나 물과 바로 반응하기 때문에 재료로 사용하기 어렵습니다. 화학 수업 시간이 아니면 이 물질들의 홑원소 물질을 접하기 힘든 이유입니다.

잠시 화학 실험 시간으로 돌아가 봅시다. 쌀알 크기의 칼슘이나 나트륨을 물속에 넣어 봅니다. 그러면 물과 반응해 수소가스를 배출하며 수면 위를 돌아다닐 것입니다. 마찬가지로 알칼리 토금속인 바륨도 물에 넣으면 이와 같은 현상이 나타납니다.

작은 물고기에는
사실 칼슘이 없다고?

· 원소명의 여러 쓰임 ·

진짜 칼슘은 물과 만나면 녹는다.
물질명, 분자명, 원자명은 모두 같을 수도 있다.

'작은 물고기에는 칼슘이 가득하다'라는 이야기를 떠올려 봅시다. 이는 뼈까지 먹을 수 있어서 뼈의 성분 원소인 칼슘을 섭취할 수 있다는 뜻입니다. 그러나 홑원소 물질인 '진짜 칼슘'은 물과 만나면 수소가스를 배출하면서 녹습니다.

물고기 뼈에 포함된 칼슘과 홑원소 물질인 칼슘은 다른 물질입니다. 물고기의 뼈를 구성하는 칼슘은 칼슘, 인, 산소의 화합물인 인산칼슘입니다. 중심적인 성분 원소가 칼슘이기 때문에 줄여서 칼슘으로 부릅니다.

바륨도 마찬가지입니다. 위를 엑스레이로 검사할 때 바륨을 마시는 경우가 많습니다. 만약 이 바륨이 홑원소 물질이라면 체내의 수분과 만나 수소가스를 만들면서 녹을 것입니다. 이때 생기는 수산화바륨은 독성이 있어 신체에 유해합니다. 그래서 우리는 엑스레이 검사를 할 때 '진짜 바륨' 대신 황산바륨을 마십니다.

황산바륨은 흰색을 띠며 바륨과 달리 물에 녹지 않습니다. 이러한 특성 덕분에 분말이 체내에도 흡수되지 않아 안전합니다.

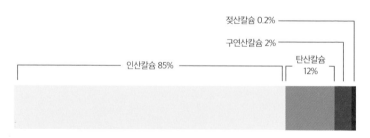

물고기 뼈의 성분 구성

황산바륨 또한 인산칼슘처럼 중심 원소가 바륨이기 때문에 바륨으로 부릅니다.

　이처럼 원소명은 상당히 애매하게 사용되고 있습니다. '산소'라고 했을 때 그것이 원소의 산소를 가리키는지 오존과 구별되는 홑원소 물질의 산소인지, 산소 분자인지, 아니면 산소 원자를 말하는 것인지, 문맥을 보며 추측할 수밖에 없습니다.

금속은 왜
중요한 재료일까?

· 금속의 활용 ·

두 가지 이상의 금속을 혼합한 재료를 합금이라고 부른다.

인류는 예로부터 물건을 만들 때 금속을 사용해 왔습니다. 재료의 세계에서 금속은 가장 중요하다고 할 수 있는 재료입니다. 현대는 여전히 철기시대의 연장선에 있으며, 강철을 중심으로 비철·금속·경금속 등 다양한 금속을 사용하고 있습니다. 또한 두 종류 이상의 금속을 혼합한 합금도 다양한 형태로 만들어 쓰고 있습니다.

철	건축 재료부터 매일 쓰는 물건에 이르기까지 가장 널리 이용되는 재료의 왕입니다. 또한, 우수한 성질을 지닌 합금을 만들 때 꼭 필요한 재료입니다. 탄소의 함유율이 0.04~1.7%인 것을 강철이라고 하며, 철골이나 레일 등을 만들 때 이용됩니다.
알루미늄	무게가 가벼워 가공하기 쉽고 내식성(부식이나 침식을 잘 견디는 성질. 또는 그 정도-옮긴이)도 있어 차체나 건물 일부, 캔, 컴퓨터, 가전제품의 케이스 등에 사용되고 있습니다. 알루미늄이 내식성을 갖는 이유는 공기 중에서 표면이 산화되고, 이때 생긴 산화알루미늄의 조밀한 막이 내부를 보호하기 때문입니다. 또한, 내식성을 한층 더 높이기 위해 산화 피막을 인공적으로 두껍게 붙이기도 합니다. 이렇게 가공된 알루미늄은 냄비나 알루미늄 창틀 등의 재료로 사용합니다.
구리	붉은빛을 띤 부드러운 금속으로 열을 잘 전달하고 전기를 잘 통하게 합니다. 이러한 특징 덕분에 전선과 같은 전기 재료에 널리 사용됩니다.
아연	철, 알루미늄, 구리에 이어 네 번째로 많이 사용되는 금속입니다. 가격이 저렴하고 높은 방식(防食, 금속의 표면이 화학적 변화로 녹이 슬거나 삭는 것을 막음) 기능을 지니고 있어서 부식하기 쉬운 철을 도금할 때 사용됩니다. 주로 자동차 제조에 사용되고, 지붕 마감재, 배수 홈통 등의 재료로도 이용됩니다. 또한 망간과 알칼리 건전지의 음극을 만드는 재료로도 쓰입니다.
니켈	스테인리스의 재료입니다. 철, 니켈, 크롬은 강자성(보통 자석에 붙는 성질)을 가진 금속입니다.
티타늄	가볍고 단단하며 녹이 잘 슬지 않고, 피부에 닿아도 알레르기를 일으키지 않는 금속입니다. 그래서 골프채, 안경, 시계 등 사람의 피부에 닿는 물건을 만들 때 사용합니다. 또한, 약품이나 해변의 염분에도 내식성이 있어서 화학 플랜트 산업이나 해수를 활용한 산업에서 자주 씁니다.

철의 생산으로
숲이 사라진 이유

· 코크스의 탄생 ·

철을 만들기 위해서는 높은 열을 만들 연료가 필요하다.
코크스를 이용해 선철과 연철을 얻을 수 있었다.

보통 철은 목탄과 철광석을 이용해 만들어집니다. 17세기 산업혁명 초기 영국에서는 철을 만들기 위해 대량의 목탄이 필요했습니다. 그래서 삼림을 마구 벌채하기 시작했고 광대한 영역의 삼림이 순식간에 파괴되었습니다.

이후 사람들은 목탄 대신 석탄을 사용하기 시작합니다. 석탄을 쪄서 덩어리로 만들면 안에 있는 불순물이 빠져나가 코크스라는 딱딱한 물질이 됩니다. 이 코크스를 사용하면 목탄보다 쉽게 고온의 열을 얻을 수 있습니다. 산업혁명 시대의 사람들은 이렇게 얻은 높은 열로 전보다 쉽게 녹은 상태의 철을 만들었습니다.

이때 만들어진 철이 선철입니다. 선철은 잘 녹으며 주물로 만들기 쉬운 성질이 있습니다. 그래서 선철은 주철이라고도 불립니다. 이 선철을 가공해서 불순물을 빼내면 연철이 됩니다. 연철은 단단하지만 무른 성질을 지녔습니다.

철을 대량 생산할 수 있게 된 비결은?

· 강철의 탄생 ·

강철은 탄소 함유율(0.04~1.7%)이 낮은 철이다.
강철은 선철(탄소 4~5%)에서 탄소를 줄여 만든다.

기계화가 빠르게 진행되자 사람들은 기계의 편리함에 푹 빠졌고, 더 튼튼하고 발전된 기계를 만들기 위해 끊임없이 고민했습니다. 이는 철의 질을 개선하려는 노력으로 이어집니다. 이윽고 사람들은 선철과 연철의 장점을 겸비한, 단단하면서도 잘 부서지지 않는 강철을 발명하게 됩니다.

1856년 영국의 헨리 베서머가 전로법(轉爐法)을 발명합니다. 전로는 선철을 강철로 바꾸는 노(爐, 증기 기관과 같은 가마에서 연료를 태우는 부분)라는 뜻입니다. 이때부터 강철의 가격이 저렴해져 보다 많은 곳에서 강철이 활용됩니다.

전로법의 과정은 다음과 같습니다. 회전식 전로에 녹은 선철을 넣고 공기를 불어 넣으면 불순물로 포함되어 있던 규소가 산소와 반응하여 연소하고, 큰 불꽃이 일어납니다. 그다음 탄소가 격렬

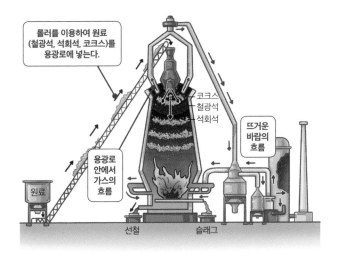

하게 연소하기 시작합니다. 선철 안에 포함된 탄소와 불어 넣은 공기 중의 산소가 반응하면 상당수의 탄소가 줄어듭니다. 이러한 반응이 끝나면 선철은 강철이 됩니다.

오늘날에는 용광로에 철광석, 코크스, 석회석을 넣고 뜨거운 공기를 노 아래에서 보내 강철을 만듭니다. 그러면 코크스가 연소해 고온이 되고, 철광석의 산화철(Fe_2O_3)이 일산화탄소에 의해서 환원(물질 중에 있는 어떤 원자의 산화수가 감소하는 일)돼 철(Fe)이 됩니다. 베서머가 개발한 전로에서는 공기를 불어 넣었으나, 현재는 기술이 발전하여 공기가 아닌 산소를 불어 넣습니다.

이렇게 만들어진 강철은 차량, 기관차, 교각을 지탱하는 대들보, 대포, 철근 콘크리트, 철골 등등 우리 주변에서 다양하게 활용되고 있습니다.

고대에는 어떻게
철을 제작했을까?

· 고대의 제철법 ·

타타라 방식은 신라로부터 전수된 제철법이다.
사진은 타타라 마을의 모습이다.

일본에는 고대부터 내려오는 '타타라 제철법'이 있습니다. 타타라 제철은 용광로 안에 원료와 목탄을 넣고 불을 붙인 뒤 '풀무'로 바람을 일으켜 화력을 높여 정제하는 방법입니다. 타타라 마을의 '철의 역사박물관'에 가면 타타라 방식은 신라 사람들에게 직접 전수받은 것이라는 내레이터의 설명을 들을 수 있습니다.

이 제철법은 미야자키 하야오 감독의 애니메이션 〈원령공주〉

타타라 제철 구조

혼도코: 목탄과 재를 굳혀 만든, 용광로를 설치하는 곳. 아래의 점토층과 함께 용광로의 습기를 완전히 차단하는 역할을 담당하고 있다(옮긴이)

고부네: 열전도율이 낮은 공기층에 의한 단열(용광로의 보온) 효과를 얻는 동시에 본상의 습기를 피하는 역할을 담당하는 곳(옮긴이)

출처: 와코박물관 홈페이지를 바탕으로 SB크리에이티브 주식회사가 작성

를 통해 더욱 유명해졌습니다. 기세 좋은 여성들이 디딤판을 밟는 장면이 있는데, 그 디딤판이 쇠를 만드는 용광로에 공기를 보내는 '풀무'입니다. 실제로는 힘든 중노동이라 여성이 밟지는 않았겠지만, 타타라 제철법의 모습이 멋지게 그려졌죠.

이 제철에서는 용광로에 사철과 목탄을 번갈아 넣습니다. 사철은 철과 산소가 결합해 있습니다. 사철과 목탄을 번갈아 넣은 다음 점화하여 반응을 일으켜 공기를 보냅니다. 철 자체가 녹는 온도에는 도달하지 않지만 사철 속의 산소는 제거되고 남은 철이 서로 결합해 딱딱하게 굳어진 스펀지 같은 쇠뭉치를 얻을 수 있습니다. 이렇게 만들어진 쇠뭉치를 두드려 다양한 쇠 도구를 만드는 것이 타타라 제철의 기본입니다.

타타라 제철은 메이지 시대(19세기 후반부터 20세기 초까지의 시기를 구분한 일본의 연호—옮긴이)에 국영 야하타 제철소라는 대형 용광로를 가진 근대 제철소가 만들어지면서 쇠퇴해 갔습니다.

하지만 타타라 제철에서 만들어진 철 중에 '옥강(사철 제련법으로 만든 양질의 강철—옮긴이)'이라고 불리는 부분이 생산되는데, 이 옥강을 단련하면 칼을 만들기 좋은 재료가 됩니다.

'녹슬지 않는 철'은
무슨 원리일까?

· 철의 산화 ·

스테인리스의 '스텐'은 오염이나 녹을 뜻하며, '리스'는 없다는 뜻이다.
처음 스테인리스로 만들어진 물건은 칼이었다.

어떤 금속에 다른 금속 원소나 탄소, 붕소 등의 비금속 원소를 첨가하여 녹인 것을 합금이라고 합니다. 금속을 합금하면 그 전과는 전혀 다른 성질의 금속을 얻을 수 있습니다. 합금은 녹이 잘 슬지 않거나, 더욱 강해지거나, 가공하기 쉬운 등의 새로운 장점이 있는 금속 재료가 됩니다.

스테인리스를 예로 소개해 보겠습니다. 녹슬지 않는 철은 인류의 오랜 꿈이었습니다. 그 꿈은 19세기 말에 이르러서야 실현됩니다. 바로 특별한 처리 없이도 녹슬지 않는 스테인리스를 발명한 것입니다. 스테인리스의 '스텐'은 오염이나 녹을 뜻하며, '리스'는 없다는 뜻입니다.

스테인리스는 철에 크롬과 니켈을 더해 만든 합금입니다. 스테인리스가 녹슬지 않는 이유는 매우 치밀한 산화 피막, 즉 녹으로 보호되어 있기 때문입니다.

20세기 초까지 나이프, 포크99, 스푼은 주방에서 아주 큰 골칫

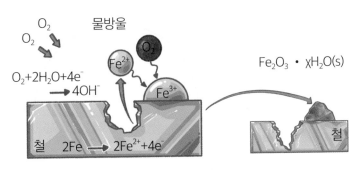

철이 산화되어 녹이 스는 과정

거리였습니다. 철로 만든 도구들은 광이 사라지거나 녹이 슬면 코르크, 연마 가루, 강모 등을 이용해 닦아야만 합니다. 이 고민을 단번에 해결한 것이 스테인리스였습니다.

스테인리스가 실용화 단계에 접어든 것은 1921년입니다. 당시 처음으로 스테인리스로 칼이 만들어졌습니다. 이때 판매된 칼의 홍보 문구는 '변색되지 않는다! 녹슬지 않는다! 도금이 아니어서 벗겨지지 않는다! 속까지 빛나는 스테인리스'였다고 합니다.

점토를 구우면 왜 단단한 토기가 될까?

· 공유결합 ·

공유결합이란 화학 결합 중 원자들이 전자를 공유하여 생성되는 결합을 말한다.
공유결합으로 단단히 묶여 형성된 분자 결정을 공유결합 결정이라고 한다.

토기는 주로 입자가 아주 미세하고 무른 흙인 점토로 만듭니다. 점토는 물을 넣고 반죽하면 적당한 끈기가 생겨 다양한 형태로 만들 수 있습니다. 이를 불에 구우면 전과는 달리 매우 딱딱해집니다.

점토는 암석이 침식되거나 풍화되면서 만들어진 퇴적물입니다. 점토를 구성하는 물질 중 가장 많은 비중을 차지하는 것은 이산화규소입니다. 이는 다이아몬드와 같은 무기 고분자로, 한 덩어리가 하나의 분자로 구성됩니다. 이는 원자들이 공유결합으로 수없이 많이 연결되어 만들어지기 때문입니다.

다이아몬드를 예로 들어 설명하겠습니다. 다이아몬드는 탄소 원자로 이루어져 있습니다. 탄소 원자가 피라미드처럼 네 방향으로 뻗어 결합해 서로 단단히 연결되어 있지요. 화학에서는 탄소 원자처럼 한 원자가 네 개의 다른 원자와 결합하는 것을 '원자가(원자가는 어떤 원자가 다른 원자와 이루는 화학결합의 수를 뜻함) 4'라고 합니다. 다이아몬드는 한 개의 탄소 원자 주위에 네 개의 탄소 원자가 배치된 규칙적인 결정 구조로 매우 견고하고 단단합니다.

다이아몬드는 자연계에서 가장 단단한 물질이지만 동시에 깨지기 쉬운 성질을 지녔습니다. 다이아몬드를 고정해 망치로 두드리면 잘게 부서져 버립니다. 또한, 방향에 따라 깨지기 쉬우므로 다이아몬드 가루를 사용하여 가공합니다.

다시 이산화규소 이야기로 돌아가 보겠습니다. 암석은 광물로 이루어져 있습니다. 대표적인 광물은 석영(이산화규소)으로, 석영 중에서도 고운 결정형을 나타내는 것은 수정이라고 부릅니다.

이산화규소는 원자가 4인 규소 원자와 원자가 2인 산소 원자가 공유결합으로 단단히 묶여 형성된 하나의 거대한 분자입니다. 이러한 결정을 공유결합 결정이라고 합니다. 점토의 주성분은 다이아몬드와 같은 공유결합 결정인 이산화규소로, 이를 불에 구우면 점토가 녹아 서로 결합해 단단하고 강한 세라믹스가 됩니다.

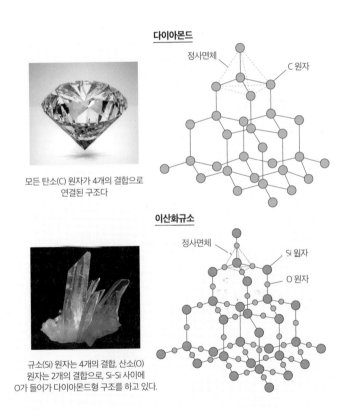

다이아몬드

정사면체

C 원자

모든 탄소(C) 원자가 4개의 결합으로
연결된 구조다

이산화규소

정사면체

Si 원자

O 원자

규소(Si) 원자는 4개의 결합, 산소(O)
원자는 2개의 결합으로, Si-Si 사이에
O가 들어가 다이아몬드형 구조를 하고 있다.

대표 공유 결합 결정인 다이아몬드와 이산화규소

현대사회를 지탱하는
가장 탁월한 재료

· 파인 세라믹스의 탄생 ·

인공적으로 성분을 조정한 파인 세라믹스는 많은 곳에 쓰인다.
세라믹스는 녹이 슬지 않고 냄새가 잘 배지 않는다.

20세기에 들어 제조 기술이 비약적으로 발전하면서 세라믹스도 활약의 장을 크게 넓히게 됩니다. 또한, 고순도 원료를 사용해 인공적으로 성분을 조정한 세라믹스가 등장합니다. 이는 재료가 지닌 특징을 최대한 끌어낸 것으로, 파인 세라믹스라고 부릅니다.

파인 세라믹스 제품은 전자제품, 구조재료(주로 기계적 강도와 관련된 재료), 생체재료(조직의 생체 기능을 대체하기 위해 사용되는 물질) 등으로 다양하게 활용되며 현대사회를 지탱하고 있습니다. 우리 생활에서 볼 수 있는 제품으로는 파인 세라믹스로 만든 칼이나 채칼이 있습니다. 이들은 녹이 슬지 않고, 오랫동안 칼이 잘 들며, 음식 냄새가 잘 배지 않는다는 특징이 있습니다.

파인 세라믹스의 원료는 알루미나(산화알루미늄), 질화규소, 지르코니아(산화지르코늄) 등입니다. 이들은 모두 가볍고, 열을 잘 견디며, 쉽게 마모되지 않는다는 특징이 있습니다. 그래서 공구, 기계 부품, 엔진 부품 등을 만드는 데 사용합니다.

최근에는 인공 관절, 임플란트, 콘덴서, 절연체, IC 패키지 등의 재료로도 사용되는 등 이용 용도가 확대되고 있습니다. 파인 세라믹스를 활용해 만든 인공 보석이나 세라믹 센서도 개발되었다고 하니, 파인 세라믹스의 활용성은 정말 무궁무진한 것 같습니다.

도자기와 사기는
무슨 차이가 있을까?

· 광물의 녹음 ·

도자기는 광물이 녹으면서 유리와 같은 광택이 나고 딱딱하게 변하는 것이다.
재료와 온도에 따라 다른 특징을 지닌 도자기가 탄생한다.

1,300여 년 전 한반도에서는 유약을 이용해 도자기에 색을 칠하기 시작했고, 가마를 사용해 불과 도자기를 분리했습니다. 덕분에 1,000℃ 이상의 고온에서도 장시간 동안 도자기를 구울 수 있었습니다. 여기서 가마는 물질을 고온으로 가열하기 위해 내부를 벽돌처럼 고온에 견디는 물질로 덮고, 아궁이와 굴뚝 등을 갖춘 장치를 일컫습니다. 소성온도(가마에서 굽는 온도)가 높으면 원료인 점토에 포함된 장석(규산, 알루미늄, 나트륨, 칼슘, 칼륨, 알칼리 따위로 이루어진 규산염 광물)이나 석영 등의 광물이 녹아 유리와 같은 광택이 나면서 매우 딱딱해집니다.

사실 위에서 언급한 도자기는 도기와 사기(자기)를 합한 말입니

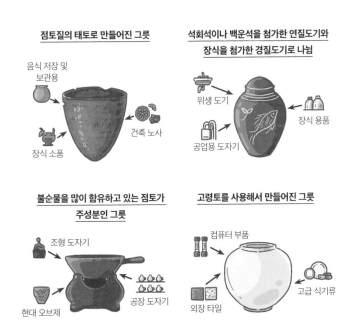

점토질의 태토로 만들어진 그릇

음식 저장 및 보관용

건축 노사

장식 소품

석회석이나 백운석을 첨가한 연질도기와 장식을 첨가한 경질도기로 나눔

위생 도기

장식 용품

공업용 도자기

불순물을 많이 함유하고 있는 점토가 주성분인 그릇

조형 도자기

공장 도자기

현대 오브제

고령토를 사용해서 만들어진 그릇

컴퓨터 부품

고급 식기류

외장 타일

다. 도기는 점토를 비교적 저온(800~1,300℃)에서 구워 낸 것입니다. 사기와 비교하면 밀도가 낮고 깨지기 쉬워서 두껍게 만듭니다. 표면에 유약을 발라 굽는 경우가 많고, 유약이 발린 부분은 유리처럼 매끈합니다. 겉에 흙의 질감이 남아 있어 소박해 보이고, 사기보다 열전도율이 낮아 안의 내용물이 잘 식지 않습니다. 또한, 두드리면 다소 둔탁한 소리가 납니다. 음식을 보관할 때 쓰는 옹기가 도기에 해당합니다.

사기는 주로 고령토나 돌가루를 반죽해 고온(1,200~1,400℃)에서 구워 낸 것입니다. 고온에서 굽기 때문에 단단하고 강하게 구워져 도자기보다 얇게 만들 수 있습니다. 바탕이 하얗고 표면이 매끄러우며, 선명하고 세밀한 그림이 돋보입니다. 도기와 반대로 두드리면 맑은 소리가 납니다. 고려청자나 조선백자가 사기에 해당합니다.

인더스문명의 붕괴는
'이것'이 원인이었다?

· 소성 벽돌 ·

인더스문명에서는 흙을 구워 만든 소성 벽돌로 집을 지었다.

현재 인류가 생활하는 건물은 목재, 석재, 벽돌, 콘크리트, 철강 등을 이용해 만듭니다. 그렇다면 고대에는 무엇을 이용해 집을 만들었을까요? 고대 메소포타미아 문명 시절에는 햇볕에 말린 벽돌이 사용되었습니다.

메소포타미아는 나무가 잘 자라지 않은 곳이라 집을 짓는 데 목재를 사용할 수 없었습니다. 그래서 햇볕에 말린 벽돌로 담장과 건물을 세우며 도시를 형성했습니다. 그러나 흙벽돌은 비바람을 맞으면 흙으로 되돌아가 버린다는 단점이 있었습니다.

메소포타미아와는 달리 인더스문명에서는 구운 벽돌을 사용했습니다. 이를 소성 벽돌이라고 합니다. 당시 인더스강을 중심으로 광범위한 지역에서 단단한 소성 벽돌 문명이 확산한 것으로 추정합니다. 이들은 소성 벽돌을 이용해 집을 만들었고, 집집마다 우물, 부엌, 빨래터를 두었습니다. 생활하수를 배출할 수 있는 하수도 또한 소성 벽돌을 이용해 만들었습니다. 소성 벽돌을 이용해 매우 치밀하게 도시 전반을 건설한 것입니다.

그러나 인더스문명은 기원전 1700년경에 멸망합니다. 그 이유에는 여러 가지 설이 있지만, 소성 벽돌을 이용한 도시 건설이 주된 원인으로 보입니다. 소성 벽돌을 만들기 위해서는 불이 필요합니다. 이를 위해 과도하게 삼림을 벌채하면서 주위의 자연환경이 무너졌고, 인더스강이 대홍수를 일으킨 것이 아닐까 추측합니다.

다행히 인더스문명은 완전히 멸망하지 않고 어느 정도 계승됩니다. 현재 인도와 파키스탄의 문화를 들여다보면 인더스문명을 계승한 부분을 발견할 수 있습니다.

콘크리트가 굳는 건
수분 증발 때문이 아니라고?

· 화학 변화 ·

콘크리트는 화학 변화로 단단하게 굳는다.

고대 로마 제국이 멸망하면서 함께 사라졌던 기술이 있습니다. 바로 건물을 지을 때 활용한 콘크리트 기술입니다. 신을 모시던 판테온 신전, 계곡의 물을 끌어온 수도교, 경기를 하던 콜로세움 등 로마의 대규모 건축물은 모두 콘크리트를 사용해 지어졌습니다. 여기서 콘크리트란 시멘트와 물로 골재(모래와 자갈)를 굳힌 것입니다.

그렇다면 시멘트란 무엇일까요? 시멘트는 세라믹스의 한 종류입니다. 석회석, 규석, 산화철, 점토를 미세한 가루 형태로 섞어 크게 회전하는 기계에서 1,450℃로 가열합니다. 이를 알맹이 모양의 덩어리(클링커)로 만든 다음 석고를 첨가하여 분말 형태로 분쇄한 것이 현대에 사용하는 시멘트입니다. 그리고 시멘트를 물로 반죽해 골재를 굳힌 것이 콘크리트입니다.

흔히 시멘트가 굳는 과정에서 수분이 증발하면 콘크리트가 된다고 생각합니다. 이는 잘못된 생각입니다. 물은 시멘트에 포함된 성분과 화학 변화를 일으킵니다. 물과 물질이 결합한 것을 수

화물(水化物)이라고 하는데, 이때 발생하는 화학 변화로 시멘트가 굳어 콘크리트가 되는 것입니다.

고대 로마의 나폴리 근교 지역에는 자연적으로 만들어진 시멘트가 존재했습니다. 바로 화산재입니다. 이 지역에 위치한 화산은 수백만 년에 걸쳐 용암과 화산재 등을 분출했습니다. 화산의 분기공(화산의 화구 또는 산의 중턱과 기슭에서 화산가스가 분출되어 나오는 구멍) 부근에서 오늘날 시멘트 공장에서 이루어지는 것과 같은 공정이 자연스럽게 일어났다고 봅니다. 고대 로마인들은 이 화산재를 굳혀 콘크리트로 만들었습니다. 이를 '로마 콘크리트'라고 부릅니다.

로마 콘크리트를 이용해 만든 대표적인 건물이 바로 판테온 신전입니다. 판테온 신전의 지붕은 지어진 지 2,000년이 지났는데도 여전히 견고합니다. 판테온 신전은 층마다 다른 시멘트가 사용돼 쉽게 파손되지 않습니다. 이것이 고대 로마 제국의 멸망으로 끊긴 기술입니다. 판테온 신전은 현재도 남아 있는 세계 최대의 무근, 즉 철근이 들어 있지 않은 콘크리트 구조물입니다.

도로 위의 터널을 한번 떠올려 봅시다. U자를 뒤집어 펼친 모양의 터널입니다. 터널 주위로부터 압축하는 힘이 가해지지만, 콘크리트는 압축에 강하기 때문에 터널이 무근이어도 걱정 없습니다.

이러한 콘크리트에도 단점이 있습니다. 바로 인장력(어떤 물체를 잡아당겨서 늘어날 때 발생하는 힘)과 유연성입니다. 콘크리트는 잡아당기거나 비트는 힘에 약합니다. 그래서 건물이나 댐과 같은 건축물은 강철 막대와 조합한 철근 콘크리트로 건설합니다.

3

CHAPTER

인류사에
결정적인
역할을 한
화학

- 유리 · 폭약 -

유리는
왜 투명할까?

· 유리의 성질 ·

유리는 화학 변화에 영향을 받지 않는다.
유리병은 화학 약품을 보관하기 좋다.

아침에 잠에서 깨어났을 때 우리의 모습을 떠올려 봅시다. 먼저, 화장실에 들어가 거울 앞에서 이를 닦습니다. 이때 마주하는 거울은 유리로 만듭니다. 주변을 둘러보면 유리창으로 햇빛이 비칩니다. 머리를 위로 들어 천장을 보면 형광등이나 LED 전구가 있습니다.

이들은 모두 유리로 만듭니다. TV 화면이나 스마트폰의 표면 또한 굉장히 얇은 유리로 만들어집니다. 집을 나와 지하철을 타도 사방이 유리입니다. 이처럼 우리는 매일 수많은 유리에 둘러싸인 채로 생활합니다.

그렇다면 유리란 무엇일까요? 유리는 크게 판유리, 유리 기구, 유리섬유, 세 가지로 종류로 나뉘어 생산됩니다. 유리 대부분은 판유리 형태로 사용됩니다. 카메라나 망원경의 렌즈 등에 쓰이는

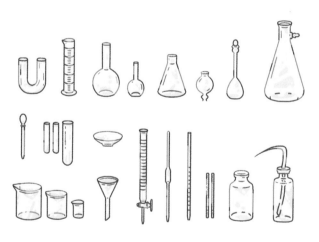

유리로 만든 다양한 실험 도구

유리는 광학 유리라고 합니다. 유리로 된 용기, 기구는 유리 기구에 해당합니다.

그렇다면 유리는 어떤 성질을 지니고 있을까요? 유리의 첫 번째 특징은 투명하다는 것입니다. 우리가 눈으로 보는 빛을 가시광선이라고 하는데, 이 가시광선을 통과시키는 비율이 높을수록 투명해 보입니다.

'투명'에도 여러 종류가 있습니다. 플라스틱과 비닐 시트도 '투명하다'고 표현하고, 물이나 깨끗한 얼음도 투명하다고 말합니다. 색이 물들어 있지 않으면 투명하다고 표현하는데, 경우에 따라서는 색이 물들어 있는 채로 투명한 것도 있습니다.

단단한 유리는 건물의 외벽에 사용되기도 합니다. 이러한 유리는 단단할 뿐만 아니라 기체와 액체를 투과시키지 않습니다.

유리에는 '화학 변화를 받아들이기 어려운' 성질도 있습니다. 공기 중에 두면 물질 대부분은 공기 중의 산소와 결합하여 변질합니다. 녹이 스는 겁니다. 그러나 유리는 녹슬지 않습니다. 물질에 산소가 결합하는 것을 산화라고 표현하는데, 유리는 이미 산소와 결합한 상태라 더는 산화하지 않습니다.

또한 유리는 황산, 염산, 질산과 같은 산에도 영향을 받지 않습니다. 화학 약품은 유리병에 넣어 보관하는 이유입니다. 유리는 고무나 나무 조각과 마찬가지로 전기가 흐르지 않는 절연체이기도 합니다.

고대 이집트 시대에 '유리구슬'이 있었다고?

· 유리의 구조 ·

유리는 이산화규소, 탄산나트륨, 탄산칼슘으로 만든다.
유리는 매우 점성이 높은 액체로 볼 수도 있다.

인류는 언제 처음 유리를 발명했을까요? 인류의 역사를 살펴보면 유리는 고대부터 존재했습니다. 기원전 4000년경에도 유리가 있었고, 고대 이집트와 메소포타미아 유적에서 유리구슬도 출토되었습니다. 천연 터키석이나 라피스 라줄리와 같은 청색 광물에 열광한 듯한데, 이 광물들은 산출량이 매우 적었습니다. 그래서 코발트라는 원소를 이용해 유리에 색을 입혀 유리구슬을 만들었습니다.

약 2,000년 전 로마 학자 플리니우스가 쓴 《박물지》에는 '냄비와 같은 용기를 가열할 때 받침돌로 소다회를 사용했다. 가열돼 떨어진 소다 덩어리가 그 주위에 있던 모래와 섞여 유리가 만들어졌다'라는 일화가 나옵니다. 이 소다회를 다른 이름으로 말하면 탄산나트륨입니다. 비누가 발명되기 전에는 의류나 물건을 씻을 때 탄산나트륨을 사용했습니다.

오늘날 가장 많이 사용하는 유리는 유리창이나 병 등에 사용되는 소다석회유리입니다. 주원료는 이산화규소로 이루어진 규사

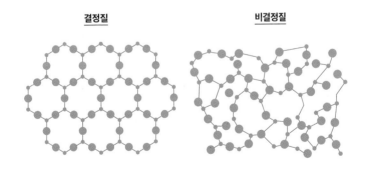

결정질

비결정질

이고, 이외에 탄산나트륨과 탄산칼슘이 들어갑니다. 규사, 탄산나트륨, 탄산칼슘(석회석)을 1,500~1,600℃의 가마 안에서 섞고 가열하여 녹인 다음 굳히면 소다석회유리가 만들어집니다.

이산화규소는 규소 원자와 산소 원자가 번갈아 결합한 규칙적인 다이아몬드형 입체구조로 이루어져 있습니다(99쪽 참고). 유리의 원료가 녹은 상태일 때 부분적으로는 규칙적인 다이아몬드형이지만, 그 안에 나트륨 이온이나 칼슘 이온이 들어가 불규칙한 구조의 고체가 됩니다.

여기서 '불규칙한 구조의 고체가 되었다'라는 점이 유리 구조의 핵심입니다. 유리는 결정 구조를 갖지 않는 고체인 비정질(비결정질)로 알려졌습니다. 원자의 배열이 규칙적이지 않고 무질서하게 그물처럼 이어져 결정이 크게 다릅니다.

유리는 고온에 노출되면 일정 온도에서 액화(융해)하지 않고 점차 부드러워져 마침내 유동성을 가지게 됩니다. 그래서 유리는 딱딱하지만, 매우 점성(끈적한 성질)이 높은 일종의 액체라고도 볼 수 있습니다.

풍선을 불듯이
'이것'을 불 수 있다?

· 유리의 가공 ·

유리를 녹인 상태에서 공기를 불면 부푼다.
중세 유럽의 독일인이 유리창을 실생활에서 사용하기 시작했다.

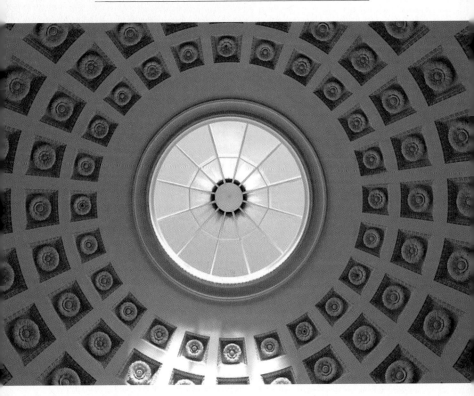

인류는 언제부터 지금과 같은 크기의 유리를 사용했을까요? 인류가 비즈보다 더 큰 크기의 유리를 다루게 된 시기는 기원전 1세기경으로, 이때 '유리 불기'라는 방법이 발명됩니다. 유리 불기는 유리를 녹인 상태에서 공기를 불어 넣어 부풀리는 방법을 말합니다. 오늘날에도 유리공방이나 유리를 만드는 가게에서 유리 불기를 체험할 수 있습니다.

유리 불기로 유리를 다루는 방법은 다음과 같습니다. 먼저 1,000℃ 이상의 열로 유리를 녹입니다. 그런 다음 걸쭉해진 유리를 속이 빈 작대기에 감아 숨을 불어 부풀립니다. 고대 로마 제국에서는 이렇게 만든 유리 제품을 로만글라스라고 부르며 다양한 형태의 유리를 만들었습니다.

기원전 400년경 로마는 처음으로 창문용 유리를 가공했습니

유리 불기

다. 그러나 지중해성 기후가 나타나는 로마 지역은 사계절 내내 따뜻하기에, 로마인에게 유리창은 그저 재미있는 물체에 불과했습니다.

유리창을 실생활에서 사용하기 시작한 사람은 중세 유럽의 북부 독일인입니다. 이들은 집안에서 물건을 태웠기 때문에 천장에 연기를 배출할 구멍이 필요했습니다. 이 구멍을 바람의 눈이라 불렀으며, 이곳에 유리를 끼워 유리창을 만들었습니다.

처음에는 유리창을 매우 작게 만들었습니다. 당시 유리창은 다음과 같은 방식으로 제작되었습니다. 먼저 유리 불기 공법으로 둥근 유리를 만들고, 이를 타원형에서 대롱 모양으로 만듭니다. 이 유리를 잘라서 펼친 다음 금속으로 눌러 평평하게 만듭니다. 이처럼 수작업으로 만든 유리창은 크기가 작을 수밖에 없었습니다.

사람들은 바람의 눈에 작은 유리를 끼우자 이 창문을 통해 집으로 햇빛이 들어오고, 집안의 열기가 더 오랫동안 유지된다는 사실을 깨달았습니다. 이때부터 많은 사람이 집에 유리창을 달기 시작했습니다.

참고로 창문을 영어로 window라고 합니다. 여기서 wind는 '바람'을 뜻하고, 뒷부분의 ow는 스칸디나비아어로 '눈', 또는 '들여다보다'라는 의미를 지니고 있습니다. 즉, 영어에서 창문은 중세 독일인이 사용한 바람의 눈에서 유래한 단어입니다.

빨간 유리를
만들기 어려웠던 이유

· 유리의 가공 ·

유리에 원소를 추가하면 색 유리를 만들 수 있다.
빨간 유리는 금과 주석을 함께 녹인 금콜로이드를 해야 한다.

유리는 원소를 살짝만 넣어도 다른 색의 유리를 만들 수 있습니다. 특히 파란색이나 녹색의 유리는 비교적 만들기 쉽습니다. 그러나 빨간색 유리는 만들기 어렵습니다. 빨간색 유리를 만들려면 금과 주석을 함께 녹여 섞어야 합니다. 섞은 당시에는 붉은빛을 띠지 않지만 이를 다시 가열하면 금 이온이 형성되고, 이것이 점점 많아지면 비로소 육안으로 확인되는 알갱이가 되어 붉은빛을 띱니다. 이것을 금콜로이드라고 부릅니다.

이렇게 색을 입힌 유리는 중세에 막강한 권력을 지녔던 교회에서 사용되었습니다. 그리고 점차 유리가 일반화되면서 일반 가정집에서도 유리창이 사용되기 시작합니다.

오늘날 건축 재료로 사용하는 판유리는 산업혁명 시대에 탄생합니다. 유리를 원통형으로 만든 뒤 다시 펼쳐 판유리로 만드는 기술을 원통법이라고 합니다. 17세기에는 기껏해야 폭이 1m 정도인 유리밖에 만들지 못했지만, 18세기에 원통법이 발명된 뒤로는 폭이 4m나 되는 큰 유리도 만들게 됩니다.

1687년 프랑스에서는 유리 장인이 뜨겁게 녹은 유리를 큰 철제 받침대 위에 펼쳐 무거운 금속 롤러로 펴는 방식으로 큰 판유리를 제조하게 됩니다.

이로 인해 처음으로 큰 거울이 만들어졌습니다. 큰 거울은 최소한 인간 키의 절반 길이가 필요합니다. 큰 거울도 점차 여러 곳에서 쓰이게 되었습니다.

유리로 지은
가장 유명한 건축물은?

· 플로트 공법 ·

20세기 중반부터 판유리 제조 공법이 널리 퍼진다.
그림은 1851년 철과 유리만으로 만든 수정궁의 모습이다.

1851년의 일이었습니다. 철과 유리만을 이용한 수정궁이라는 건물이 런던 만국박람회의 주인공으로 세워졌습니다. 이는 획기적인 건물로 길이 563m, 폭 124m, 돔 정상의 높이가 33m로, 사용된 중심 재료는 주철과 유리였습니다.

수정궁은 유리를 많이 사용했기 때문에 매우 밝은데다가 장식을 최대한 제외한 구조가 참신하고 기계적인 아름다움을 갖추고 있어 근대 건축의 초기를 장식하는 가장 유명한 건축물이 되었습니다.

1959년에는 더욱 획기적인 기술이 탄생합니다. 단, 이 방법에는 약 1,600℃나 되는 높은 온도가 필요했습니다. 과학 실험에서 사용하는 가스버너로는 기껏해야 800℃까지 높일 수 있으니, 이는 매우 높은 온도입니다.

방법은 다음과 같습니다. 일단 1,600℃에서 녹은 유리를 액체

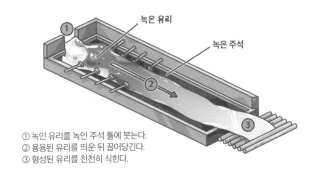

① 녹인 유리를 녹인 주석 틀에 붓는다.
② 용융된 유리를 띄운 뒤 끌어당긴다.
③ 형성된 유리를 천천히 식힌다.

판유리를 만드는 플로트 공법

로 만든 주석 위에 부어 식힙니다. 주석은 저온에서 쉽게 녹으며 그 액체의 표면은 평평해집니다. 그 위에 녹은 유리를 붓고 식힙니다. 그러면 위아래로 평평한 유리판이 생깁니다. 이러한 판유리 제조 기술을 플로트 공법이라고 합니다.

플로트 공법은 판유리 공업에 있어 매우 혁명적인 발명이었습니다. 이 공법이 발명된 20세기 중반 뒤부터 평평하게 완성된 판유리가 연속적으로 생산됩니다. 그 뒤로 판유리는 다양한 장소에 사용되며 점점 더 대형화됩니다.

보이지 않고 맡아지지 않지만, 치명적인 기체의 정체

· 일산화탄소 ·

일산화탄소는 무색, 무미, 무취이다.

화재로 인한 안타까운 소식들이 들릴 때가 많습니다. 가정에서는 특히 난방기구나 가스레인지를 잘못 사용해서 화재가 일어나는 경우가 많습니다. 그러나 이처럼 연료를 연소시켜 열을 얻는 연소 기구를 사용할 때에는 화재뿐만 아니라 일산화탄소 노출에도 각별한 주의가 필요합니다.

일산화탄소는 공장 매연 속에 포함된 대기오염 물질로 독성이 매우 강력하지만, 무색·무미·무취해 그 존재를 알아차리기 어려운 기체입니다. 일산화탄소 중독 사고는 일반적으로 꽉 닫힌 방과 같이 폐쇄된 공간에서 연탄을 떼거나 가스·등유 등을 연소시킬 때 일어납니다.

일산화탄소의 공기 중 농도는 1~10ppm 정도입니다. 닫힌 방

일산화탄소 중독 증상

일산화탄소 농도	흡입 시간과 중독 증상
0.02%(200ppm)	2~3시간 내 가벼운 두통
0.04%(400ppm)	1~2시간 내 앞머리 두통, 2.5~3.5시간 내 뒷머리 두통
0.08%(800ppm)	45분 내 두통·어지러움·메스꺼움, 2시간 내 실신
0.16%(1,600ppm)	20분 내 두통·어지러움·메스꺼움, 2시간 내 사망
0.32%(3,200ppm)	5~10분 내 두통·어지러움, 30분 내 사망
0.64%(6,400ppm)	1~2분 내 두통·어지러움, 10~15분 내 사망
1.28%(12,800ppm)	1~3분 내 사망

ppm(parts per million, 100만분의 1): 환경 속 화학 물질의 농도를 나타내는 단위.
출처: 후생노동성 히로시마노동국 홈페이지

에서 연소 기구를 사용하면 실내 산소 농도가 줄어듭니다. 이때 산소 농도가 18% 수준을 밑돌면 기구의 성능이 나빠지면서 불완전 연소로 배출되는 일산화탄소의 양이 급증합니다.

통풍이 잘 되지 않는 장소에서 물건을 태울 때도 각별히 주의해야 합니다. 만일 일산화탄소 중독이 의심될 경우 신선한 공기가 있는 곳으로 이동한 다음 신속하게 의사의 진찰을 받아야 합니다. 또한, 일산화탄소에 노출된 사람이 호흡 곤란을 겪거나 호흡이 멈췄다면 즉시 인공호흡을 실시해야 합니다.

적혈구 속에 있는 헤모글로빈은 우리가 마신 산소를 몸속 곳곳에 운반하는 고마운 존재입니다. 폐를 통해 들어온 산소는 헤모글로빈과 결합하여 세포까지 운반됩니다. 그런데 일산화탄소는 혈액 속 헤모글로빈과 결합하는 힘이 산소보다 약 200배나 더 강해서 이들이 제대로 결합하지 못하도록 방해합니다.

혈액 속 헤모글로빈의 30%가 일산화탄소와 결합하면 잦은맥박, 두통, 메스꺼움, 어지러움 등의 증상이 나타납니다. 더 나아가 헤모글로빈의 50~80%가 일산화탄소와 결합하면 의식을 잃게 되고, 혼수상태나 경련을 일으켜 결국 죽음에 이릅니다.

가정용 가스레인지에서
냄새가 나는 이유

· 폭발의 활용 ·

수소는 폭발이 일어나기 쉽다.
수소 폭발은 급속도의 연소 때문에 일어난 화학 반응이다.

가스 폭발 사고나 수소 실험 폭발 사고가 가끔 신문에 등장합니다. 도시가스(주성분은 메탄), 프로판가스, 수소, 공기(산소) 등이 섞여 있는 곳에 불이 붙으면 폭발이 일어나기 쉽기 때문입니다.

예를 들어, 수소와 산소의 혼합물에 불을 붙이면 주변이 매우 빠르게 연소하기 시작합니다. 연소로 인해 온도가 급격히 올라가면 공기가 빠르게 팽창하고, '쾅' 폭음을 내며 주위의 사물을 날려버립니다. 이때 일어난 폭발은 급속도로 진행된 연소 때문에 일어난 화학 반응입니다.

이러한 폭발 원리를 동력원으로 활용하는 사물이 있습니다. 바로 휘발유 자동차입니다. 휘발유 자동차는 휘발유 증기와 공기의 혼합물을 폭발시켜 엔진을 작동시킵니다. 휘발유나 천연가스 같

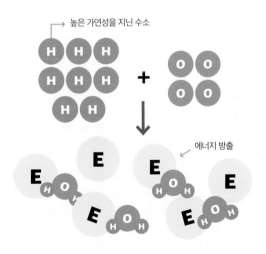

은 연소 물질과 공기(산소)가 적당한 비율로 섞인 상태에서 불이 붙으면 폭발이 일어납니다. 자동차의 연료로 천연가스와 휘발유를 사용하는 이유입니다.

같은 원리로, 가스 또한 공기와 만나면 쉽게 폭발합니다. 그래서 가스는 원래 별다른 냄새가 나지 않지만 가정에서 사용하는 가스에는 냄새가 나는 미량의 기체를 섞어 가스 누출을 바로 알아차릴 수 있도록 만듭니다.

왜 불꽃마다 터질 때의
모양과 색이 다른 걸까?

· 금속의 연소 ·

불꽃놀이는 열 에너지가 빛 에너지로 바뀌는 과정이다.
폭죽의 색깔은 금속 원소의 종류에 따라 달라진다.

전 세계의 밤하늘을 수놓는 불꽃놀이는 중국에서 유래했습니다. 중국에서는 화약을 전쟁뿐만 아니라 축제에도 사용하여 그 폭발음을 즐겼다고 합니다.

불꽃놀이는 흑색 화약과 금속 및 금속 화합물 분말을 섞어 송진 등으로 굳힌 다음, 종이로 감싸 불을 붙여 연소를 일으킨 뒤 파열시킨 것입니다. '옥'으로 불리는 종이 구체에 '별'이라고 불리는 화약 구슬을 채워 불꽃을 쏘아 올립니다. 이때 도화선에 불을 붙이면 하늘 위로 불꽃이 올라가 도화선은 타고 옥 내부의 화약에 불이 붙습니다. 그러면 옥이 파열하면서 별이 흩어집니다.

폭죽의 색상은 불꽃의 화학 반응에 따라 달라집니다. 금속 원소 화합물을 폭죽의 재료에 섞으면 금속의 종류에 따라 불꽃의 색이 결정됩니다. 빨간색은 스트론튬 화합물, 녹색은 바륨 화합물, 노란색은 나트륨 화합물, 파란색은 주로 구리 화합물로 만듭니다. 빨강, 초록, 노랑, 파랑 이외의 색은 여러 가지 화합물을 섞어 만듭니다.

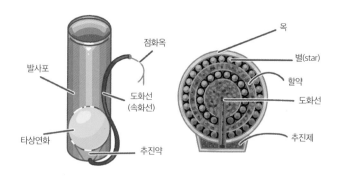

반짝반짝 빛나는 하얀색은 알루미늄이나 마그네슘 등의 금속 분말이 연소할 때 나타납니다. 옥 속에는 금속 가루와 산화제(금속이 산소와 강하게 결합하도록 만드는 물질)가 섞여 있는데, 이 두 물질이 서로 반응하면 대량의 열이 발생하고 3,000℃ 정도의 고온이 되어 하얗게 빛납니다.

불꽃 반응이 일어나고 있을 때는 금속 중의 전자 에너지가 불꽃의 열로 인해 낮은 상태에서 높은 상태로 바뀝니다. 에너지가 높은 상태는 전자가 불안정한 상태이므로, 전자는 다시 에너지가 낮은 상태로 돌아갑니다. 이때 가시광선 파장의 빛이 방출되기 때문에 우리 눈으로 색을 볼 수 있는 것입니다.

다시 말해, 불꽃놀이는 금속이 불에서 얻은 열 에너지를 빛의 에너지로 바꾸어 방출하는 과정을 우리가 눈으로 보는 것입니다. 불꽃 반응을 일으키지 않는 금속도 있는데, 이것은 전자가 고에너지 상태에서 저에너지 상태로 돌아갈 때 가시광선이 아닌 빛을 내기 때문에 우리 눈에는 색이 보이지 않는 것입니다.

폭탄도 되고 심장약도 되는 '이것'의 정체는?

니트로글리세린은 무색투명한 액상 물질이다.
작은 충격에도 폭발하여 화약보다 심장약의 재료로 활용한다.

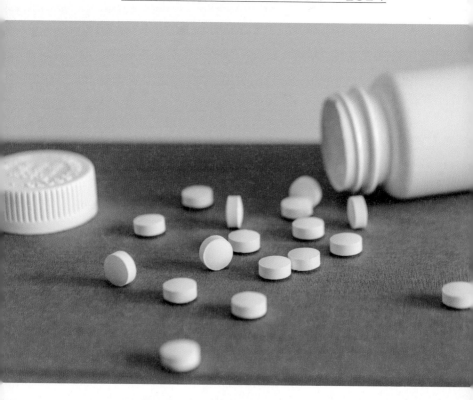

불꽃놀이에서 언급한 흑색 화약은 '젖으면 발화하지 않는다', '연기가 심하다', '힘도 그다지 강하지 않다(바위를 부술 수 없다)' 등의 결점이 있었습니다. 이 때문에 군대와 산업계는 새로운 화약의 출현을 오랫동안 기다려 왔습니다.

1845년에는 니트로셀룰로오스, 오늘날에는 면화약이라고 불리는 것이 발명되었습니다. 이것은 면에 혼산(황산과 질산의 혼합물)을 섞어 반응시켜 만듭니다. 폭발력은 흑색 화약보다 훨씬 강하지만 폭발하기 쉬워서 화약 공장이나 창고에서 종종 대폭발을 일으켰습니다.

2015년 8월 12일에는 중국 텐진시의 국제 물류 센터에 있던 위험물 창고에서 니트로셀룰로오스가 자연 발화하여 대폭발이 일어났습니다. 이 폭발 사고로 165명의 사망자와 8명의 실종자, 798명의 부상자가 나왔습니다.

니트로셀룰로오스가 발명되고 1년 후에 니트로글리세린이 발

니트로글리세린 구조식

명됩니다. 무색투명한 액상 물질로, 두드리거나 열을 가하면 엄청난 기세로 폭발합니다. 작은 충격으로도 폭발하기 때문에 운반 및 보존이 어려운 물질입니다.

니트로글리세린은 니트로셀룰로오스와 마찬가지로 화약으로 이용하기가 어려워 현대에는 주로 심장약의 재료로 활용합니다. 결국 흑색 화약은 새로운 화약이 발명되었음에도 오랜 시간 동안 계속 사용되었습니다.

세계 역사를 바꾼
화학 물질의 탄생

· 다이너마이트 ·

노벨은 폭발로 죽은 동생을 위해 니트로글리세린을 안전하게 다룰 방법을 발명했다.
규조토에 니트로글리세린을 스며들게 한 것이 다이너마이트이다.

다이너마이트를 발명한 알프레드 노벨은 1833년 스웨덴의 스톡홀름에서 태어나 지금의 러시아 상트페테르부르크에서 교육을 받았습니다. 미국에서 기계공학을 공부한 뒤 다시 상트페테르부르크로 돌아와 아버지와 함께 폭약 제조 사업을 시작했습니다.

이때 노벨은 니트로글리세린을 대량으로 만들기 위해 노력했으나, 그의 공장에도 폭발 사고가 일어나 동생이 죽고 맙니다. 그래서 노벨은 니트로글리세린을 안전하게 다룰 방법을 찾아내고자 실험을 시작합니다.

그는 '니트로글리세린을 사물에 스며들게 하면 안정화되어 물리적 충격에도 안전하게 되지 않을까?'라고 생각했습니다. 그리고 종이, 펄프, 톱밥, 목탄, 석탄 가루, 벽돌 가루 등 여러 물건에 니트로글리세린을 스며들게 했습니다. 이때 그가 마지막으로 실험한 것이 규조토입니다.

규조는 엽록체를 가진 조류(藻類)의 일종으로 0.1mm 이하의 크

규조토다이너마이트 제조

기어서 현미경을 통해서만 확인할 수 있습니다. 이들은 여럿이 모이면 녹색으로 보입니다. 규조의 껍질에는 여러 개의 작은 구멍이 나 있고, 이 껍질은 주로 암석의 주성분과 동일한 이산화규소로 이루어져 있습니다.

규조는 죽으면 물 아래로 가라앉아 엽록체 등은 분해되고 껍질만 남습니다. 오랜 시간 지층에 쌓인 껍질은 하나의 지층을 이루게 되고, 이 지층은 지각 변동이 일어날 때 지상에 드러납니다. 그곳을 파서 규조토를 채취할 수 있습니다. 이 규조토는 굳어져 암석처럼 되어 있기도 합니다. 이처럼 암석과 같은 규조토는 숯불을 피우는 데 사용하는 흙풍로의 재료이기도 합니다.

노벨이 이러한 규조토에 니트로글리세린을 스며들게 했더니 안전성이 높아져 물리적 타격에도 폭발하지 않게 되었습니다. 이 것이 다이너마이트입니다. 또한 그는 다이너마이트와 함께 기폭용 뇌관(포탄이나 탄환 따위의 화약을 점화하는 데 쓰는 발화용 금속관)이라는 것을 발명했습니다.

다이너마이트 통 안에는 니트로글리세린을 스며들게 한 규조토가 들어 있습니다. 또한 통의 선두 쪽에 뇌관과 도화선이 있습니다. 그 도화선에 붙인 불이 뇌관까지 오면 니트로글리세린을 포함한 규조토가 연쇄적으로 폭발합니다. 다이너마이트를 개발한 지 1년 뒤 노벨은 '다이너마이트'라는 이름을 붙여 가방에 가득 채우고 세계 각국을 돌며 팔았습니다.

CHAPTER

인간의
건강을 지키고
수명을 늘린
화학

- 위생 · 의약품 -

지금 봐도 놀라운
로마의 공중 보건 수준

· 공중 보건 ·

과거 로마에는 현대처럼 상하수도 체계가 있었다.

기원전 2세기경 로마인들은 대규모 공중목욕탕 시설을 만들었고, 이곳에서 우아한 생활을 즐겼습니다. 이들에게 목욕탕은 단순히 목욕만 하는 시설이 아닌 사교의 장이었습니다. 목욕탕에는 정원, 매점, 도서관, 심지어는 시를 낭송하고 철학을 논하는 라운지까지 갖추어져 있었습니다.

로마에 있는 카라칼라 욕장을 보면 이러한 사실을 잘 드러납니

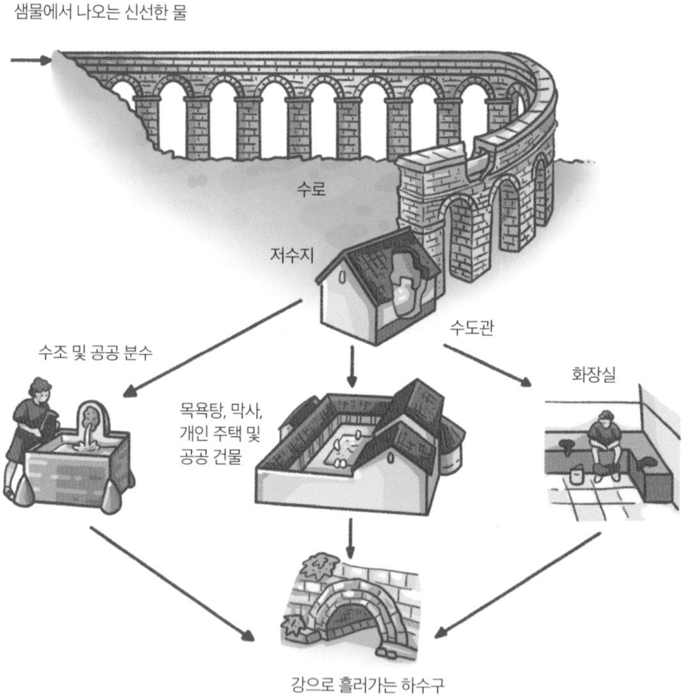

샘물에서 나오는 신선한 물

수로

저수지

수조 및 공공 분수

수도관

화장실

목욕탕, 막사,
개인 주택 및
공공 건물

강으로 흘러가는 하수구

로마의 공중 보건 시스템

다. 카라칼라 욕장은 216년 고대 로마 황제 카라칼라가 만든 것으로, 수천 명의 인원을 수용할 정도로 큰 시설이었습니다. 이곳에서는 건강과 미용과 관련한 다양한 서비스를 받을 수 있었습니다. 온탕, 냉탕, 사우나 방, 머리를 다듬는 방은 물론이고, 매니큐어를 바르는 방과 운동을 하는 방도 있었다고 합니다. 로마에서 목욕탕은 오늘날의 멀티플렉스 공간과 같은 장소였던 것입니다.

인류는 언제부터
목욕을 했을까?

· 물과 위생 ·

청동기 시대부터 공중목욕탕이 있었다.

위생이란 건강을 유지하고 질병의 예방과 치유를 도모해 삶을 지키는 일을 뜻합니다. 이 위생을 지키기 위해 반드시 필요한 것이 있습니다. 바로, 깨끗하고 안전한 물입니다. 위생을 지키려면 세균에 감염되지 않은 안전한 물을 마시고, 몸을 깨끗한 물로 씻어 청결을 유지해야 하며, 하수도 시설을 통해 대소변을 잘 처리해야 합니다.

목욕이란 신체를 청결하게 유지하기 위해 몸을 물에 담그는 행위를 의미합니다. 과거의 인류는 바다, 강, 연못 등에 들어가 목욕하기도 했고, 입욕용 시설(목욕, 사우나, 샤워 등)을 따로 만들어 이용한 경우도 있었습니다. 인더스 문명의 도시 유적인 모헨조다로 유적(오늘날 파키스탄 중남부에 위치, 기원전 2600여 년에 형성된 것으로 추정)에서 발견된 목욕탕과 상하수도 시설이 이를 뒷받침합니다.

청동기 시대 최대 유적 크노소스(그리스 크레타 섬에 위치)에서는 아주 정교하게 만들어진 목욕탕이 발견되었습니다. 이는 기원전 1700년 무렵에 지어진 것으로 알려져 있습니다. 돌로 된 관을 통해 배수를 하는 욕조와 머리 위쪽에 수조가 있는 수세식 변기도 있었지요. 이 변기는 평소에는 모은 빗물로 작동하고, 장기간 비가 오지 않을 때는 근처의 저수지에서 양동이로 물을 길어 넣게끔 설계됐다고 합니다. 아마 이 변기가 세계에서 가장 오래된 수세식 변기가 아닐까 생각됩니다.

콜레라를 물리친
천재 의사의 엄청난 가설은?

· 위생화학 ·

대표적인 수인성 질병은 콜레라이다.
존 스노는 위생화학의 시초이자, 역학의 중요성을 증명했다.

5세기 로마가 멸망하면서 유럽은 중세 시대로 바뀝니다. 유럽에서는 목욕을 꺼리는 분위기가 있었습니다. 로마 시대에 만든 공중목욕탕과 수도 시설은 대부분 파손되었고, 목욕이나 위생이라는 개념이 점차 사람들의 머릿속에서 사라지게 됩니다.

그렇다면 유럽에서는 언제부터 다시 위생 관념이 생겨날까요? 수인성 질병이라고 불리는 병이 있습니다. 병원 미생물(세균류, 바이러스류, 원생동물류)에 오염된 물을 통해 감염되는 질병으로, 흔히 아는 콜레라가 대표적인 수인성 질병입니다.

콜레라는 감염자의 분변으로 오염된 물이나 음식을 섭취할 때 감염됩니다. 심한 설사와 구토를 계속해서 일으켜 수많은 사람을 죽음으로 이끌었습니다. 현시대에 인도 지역에서 유행하는 콜레라는 19세기 이전의 콜레라와는 다른 형태로, 사망률도 2% 정도에 불과합니다. 중세 시대의 콜레라가 더 독했던 것입니다.

이 질병의 원인인 콜레라균은 코흐라는 미생물학자가 발견했습니다. 그러나 그보다 앞서 1855년 존 스노라는 의사가 물이 원인이라는 사실을 간파했습니다. 스노는 위생화학이라는 학문 분야의 시초를 다졌다고 볼 수 있습니다.

위생화학이란 질병을 예방하고 인류의 건강한 생활을 확보하기 위해 식품이나 환경 속에 얽힌 모든 인과관계를 탐구하는 학문 분야입니다. 스노가 등장하기 전에는 콜레라의 원인을 '미아즈마(miasma)'라는 질이 좋지 않은 공기에 있다고 생각했습니다.

미아즈마는 그리스어로 불순물, 오염이라는 의미를 지니고 있습니다. 사람들은 이 공기를 흡입함으로써 콜레라에 걸린다고 믿었습니다.

그러나 스노는 콜레라가 미아즈마가 아니라 물에 포함된 무언가가 원인이라는 사실을 간파했습니다. 그는 런던에서 콜레라가 유행했을 당시 물을 공급하는 회사의 차이에 따라 콜레라의 사망률이 다르다는 사실을 알게 됩니다. 그는 몇몇 회사들의 취수구가 하류에 있어 물이 오염되었다는 사실을 발견했습니다. 이들 회사에서 공급한 물을 마시는 가정에서는 콜레라 사망률이 더 높았습니다.

그러나 물을 공급하는 회사의 차이만으로 콜레라의 사망률이 달라진다는 사실을 증명하기는 어려웠습니다. 그래서 그는 1854년 런던에서 콜레라가 유행했을 때 사망자가 나온 집을 일일이

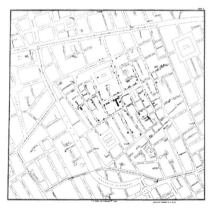

존 스노의 콜레라 감염 지도

찾아다녔고, 그들이 어느 지역의 물을 마셨는지 지도상에 표시해 분포도를 만들었습니다.

이때 대부분 사망자가 브로드가 중앙에 위치한 펌프식 우물 근처의 주민이었습니다. 주민이 아닌 경우 우물 근처에 위치한 학교를 다니거나 우물 근처의 레스토랑에서 커피를 마신 손님이었던 것으로 드러났습니다. 그래서 스노는 우물의 수동 펌프 핸들을 분리해 그 우물의 사용을 금지시켰습니다. 그렇게 해서 런던의 콜레라 유행은 가라앉았습니다.

현대의 학문 분야 중에 역학(疫学)이라는 분야가 있습니다. 스노는 바로 이 역학을 실천하며 그 중요성을 밝힌 것입니다. 역학이란 집단의 생활 환경이나 생활 습관을 관찰해 질병에 걸리는 사람과 걸리지 않는 사람의 차이가 무엇인지 그 원인을 밝히는 학문입니다.

'콜레라균이라는 세균이 콜레라의 원인'이라고 밝힌 코흐의 보고는 스노가 간파한 지 무려 30여 년 후의 일이었습니다.

전염병이 상하수도를
발달시켰다고?

· 여과와 정화 ·

19세기에 정수장치가 개발되며 현대와 같은 상하수도 시설이 정비된다.
모래를 이용해 물을 여과하고 정화했다.

19세기에 이르러 증기펌프, 배수용 주철관(주물로 만든 파이프), 모래 등을 이용해 물을 여과하는 정수장치라는 것이 발명되면서 물을 처리하여 깨끗한 물을 내보내는 대규모 근대 수도(상수도)의 조건이 갖춰집니다.

수도에는 두 종류가 있습니다. 식수로 이용하는 것은 상수도, 배설물 등을 배수하는 것은 하수도입니다. 산업혁명이 진행되면서 도시에 어마어마한 수의 인구가 집중됩니다. 그 결과 도시의 위생 상태는 더욱 나빠졌고, 콜레라와 장티푸스와 같은 전염병이 유행했습니다. 이를 극복하는 과정에서 물을 정화한 식수를 급수하는 근대 수도의 중요성을 깨닫게 됩니다.

이들은 모래를 이용해 물을 여과하고 정화했습니다. 큰 연못에

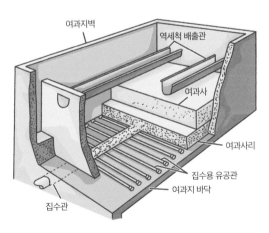

급속 여과지의 단면

모래를 깔고 물을 하루 4~5m/s의 속도로 걸러줍니다. 모래에는 많은 미생물이 살고 있어 오염을 분해해 줍니다.

세계 최초의 근대 수도는 18세기에 영국 글래스고와 런던에 설치되었고, 그 뒤로 유럽의 각 도시에서 상수도와 하수도를 만들기 시작했습니다.

세계 최초의
화학 요법제는 무엇일까?

· 그람 염색 ·

합성 염료로 세균을 염색해 구별하는 것을 그람 염색이라고 한다.
사진은 그람 염색을 통해 염색한 여러 세균의 모습이다.

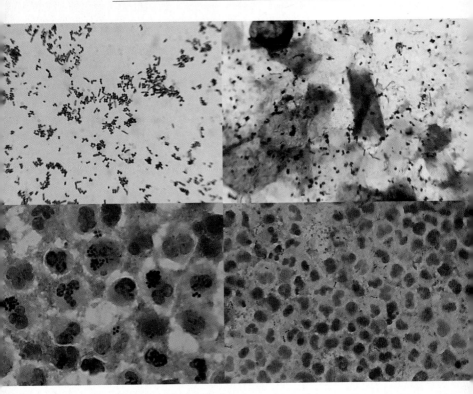

결핵균과 콜레라균은 19세기 독일의 미생물학자 로베르트 코흐가 발견했습니다. 과거에도 사람들은 전염병의 존재를 알고 있었지만, 그 원인이 '체액 순환의 문제'나 '독기라는 유독한 공기'에 있다고 여겼습니다. 코흐는 이러한 생각을 뒤집고 결핵과 콜레라의 원인이 현미경이 아니면 볼 수 없는 미세한 세균에 있음을 밝혀냅니다. 그 뒤로 사람들은 세균을 발견하는 방법을 탐구합니다.

한편 비슷한 시기에 '합성염료로 세균을 염색할 수 있지 않을까'라고 생각한 사람이 있었습니다. 세균을 염색하면 현미경으로 세균을 찾는 일이 더 수월해지기 때문입니다. 실험 결과 염료에 따라 확실하게 염색이 되는 세균과 씻어내면 색이 빠지는 세균이 있다는 사실을 알게 되었습니다. 이때부터 염색을 통해 세균을 분별할 수 있게 된 것입니다. 이는 1884년 덴마크의 미생물학자 한스 크리스티안 그람이 시작한 방법입니다. 그래서 그람 염색으로 불리며, 현재도 세균을 분류하는 데 사용하고 있습니다.

그런데 어떤 염료에 물든 세균을 그 염료가 없애 준다면 굉장히 편리할 것 같지 않나요? 당시 독일의 의사 파울 에를리히는 '염료 중에서 살균 효과를 지닌 염료를 찾는다면 그 세균을 없애고 병을 고치는 길이 열리지 않을까'라고 생각했습니다. 그는 인간의 다른 생체조직에는 영향을 주지 않고 병원균만을 죽이는 화학약품의 발명에 힘을 기울였습니다. 다양한 물질을 이용해 세균을 염색해 보며 연구를 거듭했고, 결국 1910년 606번째의 실험에 성공합니다. 그가 발명한 것은 당시 불치병이라 여겼던 매독의 치료제 살바르산이었습니다.

살바르산은 자연적으로 존재하는 물질이 아니라 인간이 합성해 만든 물질입니다. 당시 매독 환자를 살리는 특효약으로 사용되었지만, 사실 살바르산은 비소를 함유한 화합물이라 독성이 있었습니다. 페니실린을 사용하는 치료법이 등장한 뒤로 더는 매독의 치료에 살바르산을 사용하지 않게 됩니다.

매독을
낫게 한다는 착각

· 연금술 ·

그림은 과거 연금술하던 모습을 묘사한 목판화이다.

과거에는 매독을 주로 수은으로 치료했습니다. 이 수은은 오래 전부터 연금술에 자주 사용되었습니다. 연금술은 고대부터 17세기 정도까지 약 2,000년간 행해졌습니다. 이집트에서 시작해 아라비아와 유럽을 거쳐 중국까지 세계 각지에서 연금술을 연구했습니다.

연금술은 최우선 목적은 비금속(공기 중에서 쉽게 산화하는 금속을 통틀어 이르는 말)인 납 등으로 귀금속인 금을 만드는 일이었습니다. 그러나 또 다른 주요한 목적이 있었는데, 바로 불로장생약을 만드는 것이었습니다.

귀금속은 금, 은, 백금 등으로, 공기 중에서 매우 안정적으로 존재하는 금속입니다. 광택이 있어 산과 알칼리 등도 침범하기가 어렵습니다. 대신 산출량이 적어 매우 고가입니다. 철, 알루미늄, 아연 등의 비금속은 귀금속에 비해 대량으로 산출됩니다. 그러나 공기 중에 가열하면 쉽게 산화합니다.

연금술에서 고대부터 중요하게 여겼던 두 가지 원소가 있습니다. 바로 수은과 유황입니다. 과거에는 이 두 원소가 특정한 형태로 조합될 때 납이 금으로 바뀐다고 생각했습니다. 그러나 기술이 발전하고, 수은과 유황이 중심인 연금술과는 다른 주장들이 생겨나면서 연금술의 사고방식도 조금씩 바뀝니다.

이때 큰 역할을 한 사람이 16세기의 연금술사 파라켈수스입니다. 파라켈수스는 누구나 한번쯤은 들어보았을 법한 '모든 물질은 독이다. 독성이 없는 것은 없다. 섭취하는 양에 따라 약이 될 수도 독이 될 수도 있다'라는 말을 남긴 사람입니다.

파라켈수스는 연금술에서 수은과 유황과 더불어 소금이 중요하다고 생각했습니다. 또한, 연금술사에게는 세 가지 요소가 중요하며 정신, 영혼, 육체가 이에 해당한다고 주장했습니다. 정신에 해당하는 물질이 수은, 영혼에 해당하는 물질이 유황, 육체에 해당하는 물질이 소금이라고 생각했습니다. 파라켈수스의 뒤를 이은 연금술사들은 그의 주장을 그대로 받아들여 연금술을 이어 나갔습니다.

파라켈수스가 역사에 이름을 남긴 또 다른 이유는 연금술을 의학에 응용했기 때문입니다. 연금술사들은 그가 사망한 뒤로 그가 쓴 책을 함께 공부하며 하나의 그룹을 만듭니다. 이 그룹은 의화학파라고 불렸으며, 의약품을 연구하여 병을 고치고자 노력했습니다.

살아생전 파라켈수스는 '매독에는 수은을 사용하면 효과가 있다'라고 남겼고, 그를 따른 의화학파들은 수은을 매독의 치료제로 사용했습니다. 이러한 치료법은 각지로 널리 퍼져 오랜 시간 동안 매독의 치료제로 수은이 사용되었습니다.

사실 수은을 이용한 매독 치료법은 굉장히 무서웠습니다. 수은은 금속 중 상온에서 유일한 은색을 띠는 액체입니다. 체온계에 들어 있는 수은이 욕탕에 가득 차 있다고 상상해 봅시다. 매독 환자를 이 욕탕에 들어가게 한 뒤 수은을 따뜻하게 데웁니다. 그러면 수은이 증발하고, 환자는 수은 증기 속에서 머무르게 됩니다. 이때 환자는 수은 증기를 다량으로 흡입하게 됩니다. 수은은 미량만 삼켰을 경우 몸 밖으로 배출되지만, 기화한 수은 증기는 신속하게 폐를 통해 혈액 내로 흡수됩니다. 액체 수은을 마시는 것보다 수은 증기를 호흡하는 것이 몸에 훨씬 더 해로운 것입니다. 그래서 매독을 고치려다가 상태가 심각하게 악화된 경우가 많았다고 합니다.

이렇게 수은을 사용한 치료는 1909년 살바르산이 합성돼 치료제로 쓰이게 될 때까지 계속됐습니다.

고대 사람들은
어떻게 약을 구했을까?

· 고대의 의약품 ·

고대에는 대부분 식물이 유일한 약이었다.

파라켈수스가 소금을 사용하기 전에는 식물만이 유일한 약이 었습니다. 고대부터 사람들은 '이것은 먹을 수 있는 것일까?', '이 식물로 병을 고칠수는 없을까?'라고 생각하며 식물을 먹거나 베어 물며 확인했을 것으로 보입니다. 식물의 잎이나 열매나 가지 등을 그대로 사용하거나, 말리거나, 알코올과 같은 것으로 성분을 녹여 내는 등 다양한 방법이 시도되었습니다.

그중에는 독성이 있는 식물을 섭취해 사망했던 사람도 많았을 것입니다. 이러한 희생을 통해 약과 관련된 지식이 점차 집대성되었습니다.

파라켈수스 시대에 들어선 뒤로 식물뿐만 아니라 광물도 약으로 사용했습니다. 그러나 이들은 모두 자연적으로 존재하는 것이었습니다.

페니실린의
놀라운 성분

· 페니실린 ·

페니실린은 푸른곰팡이의 포자가 만들어 내는 액체가 원료인 약이다.
화학자들에 의해 대량 생산에 성공했다.

스코틀랜드의 세균학자 알렉산더 플레밍은 제1차 세계대전 당시 프랑스 서부전선에서 부상병을 치료하고 있었습니다. 이때 그가 돌본 병사들이 잇달아 패혈증으로 사망했는데, 막을 방법이 없었습니다.

전쟁이 끝나고 영국으로 돌아온 플레밍은 붕대를 페놀에 적시는 소독법을 널리 알리고자 노력합니다. 또한 그는 콧물 속에 천연 항균제가 있다는 것을 발견했고, 이를 라이소자임(세균의 세포벽을 파괴하는 단백질 효소)이라고 이름 지어 퍼트립니다. 그러나 페놀도 라이소자임도 상처 내부로는 침투하지 않아서 상처가 곪았습니다.

몇 년 뒤 1928년 플레밍은 황색포도상구균을 연구하던 중 어질러진 실험실을 치우게 됩니다. 그는 샬레 더미(세균을 배양하는 유리그릇 형태의 용기)를 정리하면서 포도상구균이 가득 담긴 배양액에 푸른곰팡이 군락이 생긴 것을 알아차립니다.

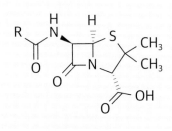

페니실린의 구조식

그해 여름은 추운 날씨가 계속되었기 때문에 저온을 좋아하는 푸른곰팡이가 생육한 것입니다. 샬레를 자세히 보니 푸른곰팡이 주위에는 포도상구균이 생기지 않았습니다. 푸른곰팡이의 포자가 자라서 만들어 낸 액체가 포도상구균을 죽였던 것입니다.

그 뒤로 푸른곰팡이가 만들어 내는 액이 포도상구균뿐만 아니라 화농균과 폐렴균도 녹인다는 사실을 알게 됩니다. 플레밍은 이 물질에 페니실린이라는 이름을 붙여 발표했는데, 당시에는 사람들의 이목을 끌지 못했습니다.

12년이 지난 1940년이 되어서야 사람들은 페니실린에 관심을 갖기 시작합니다. 플로리와 체인이라는 두 명의 영국 화학자가 푸른곰팡이를 대량 배양해 페니실린의 대량 생산에 성공했기 때문입니다. 당시 제2차 세계대전으로 상처를 입은 병사가 많았습니다. 이들을 치료하기 위한 약으로 페니실린이 주목을 받은 것입니다.

항생제에
내성이 생기는 이유는?

· 항생 물질과 내성균 ·

항생 물질이 듣지 않는 내성균이 계속해서 새롭게 생겨나고 있다.
현재 인류 최후의 보루로, 리네졸리드라는 인공 합성 화합물이 있다.

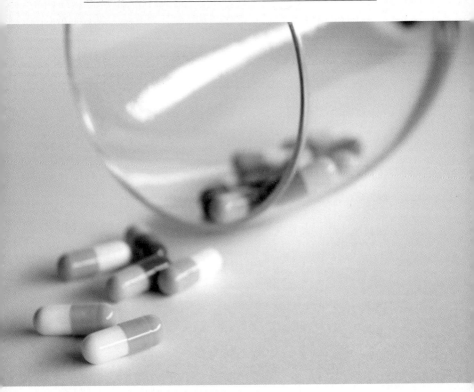

항생 물질은 미생물 및 기타 생물이 만들어 내는 항균 작용이 있는 물질입니다. 현재는 인공적으로 합성된 화합물도 많아져서 생물 유래 항생 물질이 아니라 '항생제'로 부르는 경우가 많습니다.

현재 항생 물질은 매우 흔한 약이 되었습니다. 항생 물질 덕분에 인류는 결핵, 페스트, 티푸스, 이질, 콜레라 등의 전염병과 완전히 이별한 것처럼 보였습니다.

그러나 인류가 안심한 것도 잠시, 세균은 재빨리 역습을 시작합니다. 항생 물질이 듣지 않는 내성균이 출현한 것입니다. 새롭게 다른 항생 물질을 개발해 내성균을 치료했지만, 새로운 항생 물질 역시 내성이 있는 균들이 나왔습니다. 결국에는 어떤 항생 물질을 사용해도 듣지 않는 균이 생길 가능성이 있는 것입니다. 그렇게 되면 질병의 확산은 걷잡을 수 없을 것입니다.

내성균 중에서 현재 가장 문제가 되고 있는 것이 메티실린 내

● 항생제에 감수성 있는 박테리아(항생제에 죽음)
● 항생제 내성 박테리아(항생제 복용하기 전에 존재)
● 항생제 내성 박테리아(항생제 치료 도중에 돌연변이에 의해 새로 발생)

내성균 출현 과정

성 포도상구균입니다. 메티실린은 내성균에 강한 항생 물질로 등장했는데, 이마저도 듣지 않는 포도상구균이 나타난 것입니다. 당초 포도상구균의 10% 정도라고 여겨졌던 메티실린 내성 포도상구균은 현재 감염증을 일으키는 포도상구균의 60%를 넘는 것으로 알려져 있습니다.

항생 물질 반코마이신은 1956년에 사용되기 시작해 40년 넘게 내성균이 나타나지 않아 메티실린 내성 포도상구균에 맞서는 비장의 카드로 쓰였습니다. 그러나 20세기 말 반코마이신 내성 장구균의 출현이 보고되었습니다. 그 뒤로도 반코마이신에 내성을 가진 균이 속속 발견되고 있습니다.

현재 최후의 보루로 삼고 있는 것은 2000년에 발매된 리네졸리드입니다. 이는 인공 합성 화합물로, 지금까지와는 전혀 다른 구조로 세균의 증식을 억제합니다. 그러나 이 물질 또한 내성균에 대한 보고가 드문드문 들리는 상황입니다. 인류와 내성균과의 싸움은 앞으로도 계속될 것입니다.

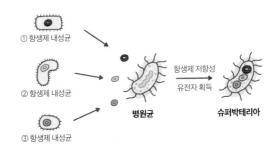

수평적 유전자 이동에 의한 슈퍼박테리아 진화 과정

5

CHAPTER

편리함과 안락함을 선물한 화학

- 농약 · 염료 · 합성섬유 · 플라스틱 -

전 세계 80억 명의 생명을
지탱하는 화학

· 화학비료 ·

하버-보슈법으로 질소 비료의 대량 공급이 가능해졌다.
세계 80억 명의 생명을 화학비료가 지탱하고 있다.

서기 1년경 세계 인구는 대략 2억 명이었던 것으로 추정됩니다. 영국에서 산업혁명이 진행됐던 1800년경에는 인구수가 약 10억 명으로 증가했고, 2022년 11월 15일에는 80억 명을 넘어섰습니다. 불과 122년 사이에 세계 인구가 다섯 배 이상 늘어난 것입니다. 2050년에는 약 97억 명에 이를 것으로 예측합니다. 갈수록 늘어나는 세계 인구를 뒷받침하기 위해서는 농작물 증산이 필요합니다.

　사람들은 오랫동안 퇴비 등의 천연 비료와 남미에서 산출하는 칠레 초석(질산나트륨) 등의 천연자원을 질소 비료로 사용했습니다. 퇴비란 사람 또는 가축의 대소변과 짚·겉겨·잡초·낙엽 등을

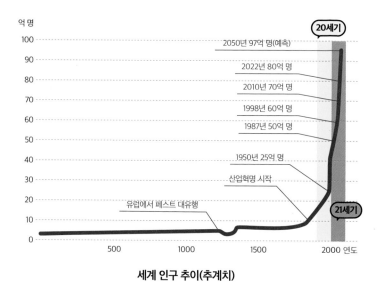

세계 인구 추이(추계치)

출처: 유엔인구기금 일본사무소 홈페이지를 바탕으로 SB크리에이티브 주식회사가 작성

섞어 발효시킨 것입니다. 그러면 대소변 등이 세균 등 미생물의 작용으로 분해돼 식물이 이용할 수 있는 무기물로 바뀝니다.

　퇴비는 뛰어난 비료이지만, 이를 만드는 데는 많은 시간과 노력이 필요합니다. 그래서 비료의 수요가 증가할수록 퇴비 등의 천연 비료로는 필요한 양을 모두 감당하기가 어렵습니다. 다행히도 1913년 인류의 식량 자원 문제를 해결할 역사적 발명이 일어납니다.

　독일의 화학자 프리츠 하버와 카를 보슈가 공기 중의 질소를 수소와 결합하는 암모니아 합성법을 개발한 것입니다. 이때부터 암모니아를 바탕으로 다양한 질소 비료가 저렴한 가격에 대량으로 만들어집니다. 이 비료는 퇴비와는 달리 공장에서 만드는 화학비료입니다. 이러한 화학비료의 등장으로 인류는 대량으로 식량을 생산할 수 있게 되었습니다.

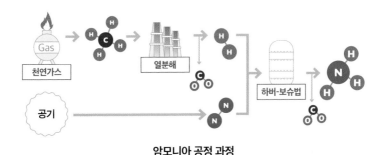

암모니아 공정 과정

농약은 포도 도둑을
쫓아내려다 탄생했다고?

· 농약의 개발 ·

최초의 농약은 천연 물질로 만든 것이었다.
19세기경부터 화학제품으로 만든 농약이 사용되기 시작했다.

과거의 역사를 되돌아보면, 많은 나라가 농작물의 병충해 문제 때문에 극심한 굶주림이나 수많은 사람이 사망하는 등의 고통을 겪었습니다. 이러한 병충해에 대항하기 위해 개발한 것이 바로 농약입니다.

인류가 가장 처음 사용한 농약은 모기향의 원료가 되는 제충국(국화과의 식물)과 꽃담배(가지과의 한해살이풀)에 함유된 니코틴 등의 천연 물질로 만든 것이었습니다. 그런데 이를 만들기 위해서는 제충국과 꽃담배를 대량으로 확보해야 하는 문제점이 있었고, 또 이렇게 만든 농약은 생각만큼 큰 효과가 있지도 않았습니다. 그래서 19세기경부터는 화학제품을 이용하기 시작했고, 주로 유황과 황산구리를 사용했습니다.

혹시 보르도액이라는 농약을 들어본 적이 있나요? 보르도는 프랑스에서 포도가 잘 재배되는 한 지역의 이름입니다. 이 지방에서는 포도를 자주 도둑맞았습니다. 그래서 황산구리와 석회를 섞은 혼합액을 포도에 살포해 노난을 방지하고자 했습니다.

그러자 포도나무에 발생하는 포도 노균병의 발병률이 상당히 줄었습니다. 즉, 황산구리와 석회 혼합액을 사용함으로써 노균병의 발생을 막을 수 있다는 사실을 알게 된 것입니다. 사람들은 이 농약을 마을 이름을 따서 보르도액으로 불렀습니다.

1923년에는 농작물 씨앗을 수은 화합물을 사용한 수용액에 담가 씨앗이 병충해를 입지 않도록 하거나 비소 화합물을 사용해

벌레를 죽이기도 했습니다. 사람들은 여기서 그치지 않고 더욱 강력한 살충 효과를 발휘하는 농약을 만드는 데 도전하기 시작했습니다.

1900년대 보르도액 광고

닿으면 죽는
기적의 살충제의 정체는?

· DDT의 탄생 ·

DDT는 클로로벤젠과 클로랄의 황산 촉매 반응을 통해 합성한다.
DDT는 어떤 곤충이든 닿기만 해도 죽을 만큼 강력했다.

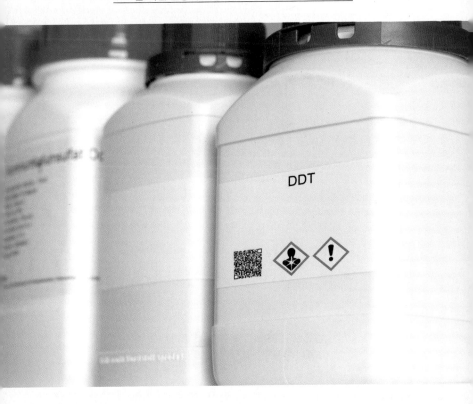

1939년 스위스 화학자 파울 헤르만 뮐러가 DDT를 발견했습니다. DDT란 디클로로디페닐트리클로로에탄(dichloro-diphenyl-trichloroethane)이라는 물질의 약자입니다.

　사실 DDT는 이보다 60여 년 전쯤에 이미 만들어져 있던 물질입니다. 학생들이 대학원 화학 실험에서 연습용으로 합성하던 중 DDT를 만든 것입니다. 다만 이때는 DDT에 강한 살충 효과가 있다는 사실을 누구도 알지 못했습니다.

　뮐러는 강력한 살충 효과를 가진 농약을 만들고자 수백 가지의 다양한 화합물을 곤충으로 실험해 효과를 조사했습니다. 그리고

DDT의 구조식

클로로벤젠(C_6H_5Cl)과 클로랄(C_2HCl_3O)의
황산 촉매 반응을 통해 합성되는 DDT

결국 DDT를 발견하게 됩니다.

살충 효과를 연구할 때는 일반적으로 잎사귀에 화학 물질을 살포해서 그 잎사귀를 곤충에게 먹이는 방식을 이용합니다. 그러나 뮐러가 목표로 한 살충제는 어떤 곤충이든 그 물질에 닿기만 하면 바로 죽을 만큼 강력한 것이었습니다.

장수풍뎅이의 애벌레는 농작물에 해를 끼치는데, 그가 발견한 DDT는 멈춰 있던 장수풍뎅이에게 뿌리기만 해도 툭 떨어져 죽을 정도로 강력한 농약이었습니다. 그 뒤로 DDT는 모기와 이를 없애는 데 대량으로 사용되었고, 농업에서도 병해충을 관리하기 위해 대량의 DDT를 사용했습니다.

DDT가 전쟁을
유리하게 이끈 이유

· DDT의 활용 ·

DDT는 말라리아의 원인인 모기를 죽이는 데 효과적이었다.
당시에는 피부에 뿌리거나 미량 흡입해도 인체에 무해하다고 알려져 있었다.

세계 3대 감염병으로 불리는 에이즈·결핵·말라리아는 지금도 많은 사람의 목숨을 앗아가고 있습니다. 그중에서도 말라리아는 매년 수십만 명의 목숨을 앗아가는 질병입니다. 말라리아에 걸리면 오한과 떨림, 고열, 복통, 호흡기 장애 등의 증상이 발생합니다. 신장이나 간이 손상되어 죽음에 이르는 경우도 적지 않습니다.

이 말라리아에는 여러 종류가 있습니다. 가장 중증에 이르기 쉬운 것은 열대열 말라리아로, 걸리면 매일 발열합니다. 삼일열 말라리아, 사일열 말라리아, 난형 말라리아 등은 걸리면 이따금 발열합니다. 말라리아에 가장 취약한 대상은 임산부, HIV 감염자, 그리고 5세 미만의 아동입니다. 이들은 면역 기능이 약하기에 열대열 말라리아에 걸리면 중증으로 사망하기 쉽습니다.

말라리아와 같은 감염병은 비위생적인 장소나 전쟁터에서 가장 기승을 부립니다. 과거 열대·아열대 지방의 전장에서는 적에게 죽임을 당한 사람보다 말라리아 감염으로 죽은 사람이 더 많았다고 합니다.

제2차 세계대전 때는 모든 교전국이 감염병을 두려워해 병사들에게 어떻게든 깨끗한 물을 공급하거나 키니네라는 말라리아 특효약을 먹이는 등의 대책을 세웠습니다. 그러나 전쟁이 오랫동안 지속되면 보급로가 끊겨 병사들에게 음식이나 의약품을 전달하기 어려웠습니다.

특히 말라리아 문제를 해결하기 위해 미국과 영국은 DDT에 주목했고, 이를 공업적으로 대량 생산했습니다. 미국은 DDT를 전쟁에서 상당히 효과적으로 사용했습니다. 예를 들면, DDT를 셔츠에 스며들게 한 다음 전선으로 병사를 보냅니다. 그러면 DDT의 효과로 셔츠에 붙은 모기가 나가떨어져 죽습니다. 또한 DDT는 모기뿐만 아니라 이, 벼룩, 진드기 등에도 효과적이어서 이들을 매개로 하는 장티푸스 등의 감염병 발병률을 급감시키기도 했습니다. 미군과 영국군은 이러한 방법을 사용해 일본군이나 독일군보다 훨씬 더 유리하게 싸울 수 있었습니다.

당시에는 DDT 분말이 피부에 뿌리거나 미량 흡입해도 인간의 몸에는 나쁜 영향을 주지 않는 것처럼 보였습니다. 특히 5% 정도로 희석하면 인체에는 무해하다고 알려져 있었습니다.

DDT가 불러 온
'침묵의 봄'

· DDT의 해악 ·

DDT는 내성을 가진 벌레를 만들 수 있다.
합성 화학 물질 살충제는 먹이사슬을 따라 계속 축적된다.

DDT의 문제점은 1962년 미국 해양 생물학자 레이첼 루이즈 카슨의 《침묵의 봄》이 출간되면서 밝혀집니다. 해양생물학을 전공하고 바다와 해양생물에 관한 소설을 쓰던 카슨에게 어느 날 한 통의 편지가 도착합니다. '농약을 뿌린 뒤 작은 새가 하늘에서 떨어져 죽고 있다. 농약 때문이 아니냐?'라는 내용이었습니다. 그 뒤로 카슨은 이 현상을 연구했고, 1,000편 이상의 논문을 읽고서 《침묵의 봄》을 출간합니다.

'DDT 등 인간이 만든 합성 화학 물질이 매년 새롭게 개발돼 사용되고 있는데도 전문가들은 그 효력에만 관심을 가질 뿐, 장기간에 걸친 영향에 대해서는 생각하지 않는다. 그리고 DDT와 같은 살충제를 지속적으로 사용하면 내성이 생긴 벌레가 나올 수 있다'라는 것이 그의 주장이었습니다.

그가 합성 화학 물질인 살충제를 절대 사용해서는 안 된다고 주장한 것은 아닙니다. 그는 《침묵의 봄》에서 '우리는 이 약품들이 토양, 물, 야생생물, 인간에게 어떤 영향을 미치는지 사전에 알아보지 않고 사용하게 놔둔다. 정부는 더 엄격한 행정조치를 강구해야 한다'라는 등 구체적인 예를 들어 살충제 사용에 경각심을 가질 것을 당부했습니다.

《침묵의 봄》은 사람들에게 상당한 충격을 안겼습니다. 출간한 지 반년 만에 100만 부가 넘는 베스트셀러가 되며 서점에서 불티나게 팔렸습니다. 당시 미국의 대통령은 케네디였습니다. 케네디

대통령은 《침묵의 봄》을 읽고 깊은 감명을 받아 과학 고문에게 살충제 문제를 조사해 달라고 요청했습니다.

이에 대통령 과학자문위원회에 특별위원회가 설치되었고 보고서가 발표되었습니다. 《침묵의 봄》을 옹호한 내용이었습니다. 그 뒤로 케네디는 환경보호청을 세워 대기오염·수질오염·토양오염 문제에 대응했습니다.

환경보호청은 우선 '자동차 배기가스에 포함된 탄화수소, 질소산화물, 일산화탄소 등을 90% 감축하지 않으면 차를 팔 수 없도록 한다'라는 규제를 시행했습니다. 이러한 행정부처의 움직임 역시 카슨의 영향입니다.

농약 제조 업계가 아무리 카슨을 비난할지라도, 농약을 뿌림으로써 야생생물이 피해를 보는 것은 분명한 사실이었습니다. 그래서 이들도 분해되기 쉽고 생체에 축적되지 않는, 보다 자연환경

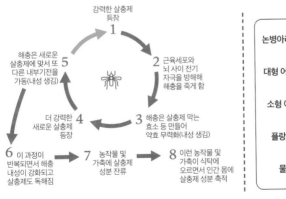

식탁을 위협하는 살충제의 악순환

축적되는 화학 물질

에 친화적인 농약 생산을 목표로 삼기 시작했습니다.

다만 《침묵의 봄》의 영향으로 일어난 일이 정말 잘된 일인가 하는 문제가 있습니다. 미국 정부와 세계는 개발도상국의 말라리아 퇴치에 많은 원조를 해왔습니다. 그러나 DDT에 대한 국민들의 반발이 커지자 그 원조를 중단하게 되었습니다. 그 때문에 개발도상국에서는 말라리아로 사망한 사람이 수백만 명이나 됐던 것으로 추정되고 있습니다.

극단적인 사례지만 스리랑카에서는 1948년부터 1962년까지 DDT 정기 살포를 실시했더니 연간 250만 명에 이르렀던 말라리아 환자 수가 31명으로까지 줄었습니다. 이건 엄청난 일입니다. 그러나 스리랑카 정부는 말라리아가 박멸되었다며 DDT 살포를 중단해 버립니다. 그러자 말라리아 환자 수는 차츰 원래대로 돌

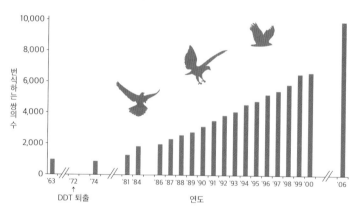

흰머리독수리의 개체수 변화

출처: 사이언스

아가고 말았습니다.

DDT 대신 야생생물에 영향을 주지 않는 친환경 약품이 개발되어 그것이 저렴하게 보급되는 것이 사실 가장 좋겠죠. 앞으로도 그러한 약품 개발을 목표로 나아가야 하겠습니다.

독이 되어 버린
화학 물질들

· 온실가스 ·

프레온은 꿈의 물질이었지만, 지금은 오존층 파괴의 주범으로 밝혀졌다.

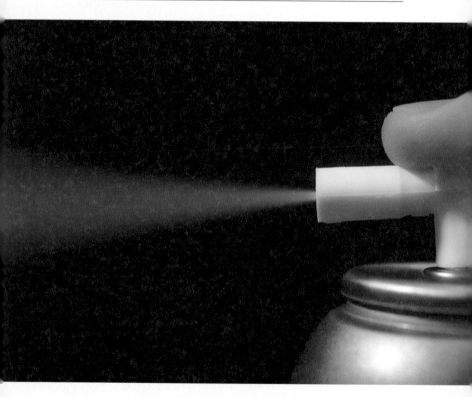

처음 발명했을 때는 꿈의 물질로 알려졌지만, 현재는 환경오염 물질로 낙인이 찍힌 물질이 있습니다. 바로 프레온입니다. 정식 명칭은 클로로플루오르카본(chlorofluorocarbons)으로, 여러 종류가 있으나 모두 프레온으로 묶어 부릅니다.

프레온은 자연적으로는 존재하지 않는, 인간이 만든 합성 물질입니다. 20세기 초에 개발되었으며, 화학적으로 안정적이고 액화되기 쉬워 에어컨과 냉장고의 냉매로 널리 쓰입니다. 또한, 불연성(不燃性) 물질이라 스프레이 안에 압력을 가하기 위해 프레온을 넣습니다.

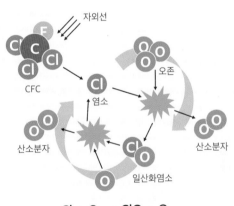

$$CI + O_3 \rightarrow CIO + O_2$$
$$CIO + O \rightarrow CI + O_2$$

**염소 이온 하나가 약 10만 개의 오존 분자를
파괴하는 것으로 알려져 있다**

오존층 파괴 과정

이처럼 프레온은 활용도가 높기 때문에 꿈의 물질로 여겨졌습니다. 그러나 얼마 지나지 않아 오존층을 파괴하는 주범이 프레온이라는 사실이 밝혀집니다. 그래서 프레온 대신 대체 프레온 가스를 사용하기 시작했습니다. 그러자 이번에는 대체 프레온이 온실효과가 강하다는 것을 알게 됩니다. 즉, 지구 온난화를 초래하는 물질인 것입니다.

지금은 프레온류 물질 대신 이소부탄(C_4H_{10})이라는 탄소(C)와 수소(H)가 결합한 물질을 사용합니다. 이소부탄은 불을 붙이면 연소합니다. 그래서 프레온과 비교하면 불편한 점이 있습니다. 에어컨과 냉장고에는 여전히 대체 프레온을 사용합니다. 앞으로는 냉매가 달라지겠지만, 현재로서는 대체 프레온을 사용하고 있습니다.

이처럼 DDT나 프레온의 사례를 보면, 합성 화학 물질의 장기적인 안전성이나 환경에 미치는 영향은 그것이 만들어질 당시에는 알 수 없다는 사실을 깨닫게 됩니다. 앞으로는 이러한 문제가 발생했을 때 진지하게 문제를 받아들이고, 가능한 한 빨리 해결 방안을 실행에 옮겨야만 합니다. 이것이 DDT와 프레온 이야기가 주는 교훈이라고 생각합니다.

다양한 색은
어떻게 만들까?

· 천연염료 ·

섬유나 가죽 등을 염색할 수 있는 것을 염료라고 한다.
식물성 염료와 동물성 염료로 나뉜다.

사람이 생활하는 데 꼭 필요한 의식주 가운데 '의'는 단순히 더위와 추위를 견디기 위한 수단이 아닙니다. 인류의 문명과 사회는 아름답게 꾸미고 싶은 욕망과 함께 발전해 왔습니다. 이러한 욕망은 옷에도 반영되어 아름답고 다양한 색의 옷들이 탄생했습니다.

색의 근원이 되는 물질을 색소라고 하며, 색소 중에서도 섬유나 가죽 등을 염색할 수 있는 것을 염료라고 합니다. 염료는 섬유뿐만 아니라 종이, 플라스틱, 가죽, 고무, 의약품, 화장품, 식품, 금속, 모발 등등 많은 것을 염색할 수 있습니다.

19세기 중반까지는 천연염료의 시대였습니다. 천연염료는 크게 식물성과 동물성으로 나뉩니다. 식물성 염료 중에서 가장 유명한 것은 선명한 노란색이 특징인 강황입니다. 이외에도 홍화, 검은빛을 띤 붉은색 다목(콩과의 작은 상록 교목), 뿌리를 다홍색 염료로 사용하는 꼭두서니(꼭두서닛과의 여러해살이 덩굴풀), 잎을 청색 염료로 사용하는 쪽(마디풀과의 한해살이풀) 등이 있습니다. 쪽이나 꼭두서니는 고대 이집트의 미라를 염색하는 데에도 사용되었습니다.

동물성 염료로는 로열 퍼플이라고 하는 보라색 염료와 코치닐이라고 하는 붉은색 염료가 유명합니다. 여기서 코치닐은 식품을 붉게 물들이는 데 자주 사용됩니다. 코치닐은 페루와 멕시코 등지의 선인장에 기생하는 곤충인 연지벌레로 만든 것으로, 이 곤

황토

감

밤

오미자

쑥

치자

석류

녹차

국화

민들레

천연 염색을 위한 다양한 재료

충들의 암컷은 체내에 붉은 색소를 지녔습니다. 마야 문명과 잉카 문명 때부터 립스틱이나 천의 염료로 코치닐을 사용했고, 스페인이 신대륙에 상륙하면서 코치닐을 되팔기 시작했습니다. 페루 등 남미에서는 현재도 선인장을 재배해 이를 먹이로 하는 연지벌레를 대량 생산하고 있습니다.

또한 쪽을 사용한 천연염색은 현재에도 많은 곳에서 하고 있습니다. 쪽이라는 식물의 잎을 발효시킨 다음 이 액 속에 천을 담가 주물러 섬유 속까지 남색 색소가 잘 스머들게 합니다. 액에서 천을 집어 올리면 천은 녹색에서 남색으로 바뀝니다. 공기에 닿으면 색소가 산화하여 발색하는 성질을 이용한 것입니다. 이처럼 쪽 염색은 천을 쪽으로 물들인 다음 공기에 닿게 하는 작업을 여러 번 반복하여 짙은 색으로 염색하는 염색법입니다. 마지막에는 물로 씻고 건조시켜 색이 빠지는 것을 방지합니다.

부자들의 특권, '로열 퍼플'이 조개에서 탄생했다?

· 천연염료 ·

식물뿐만 아니라 고둥 등의 조개에서도 염료를 얻을 수 있었다.

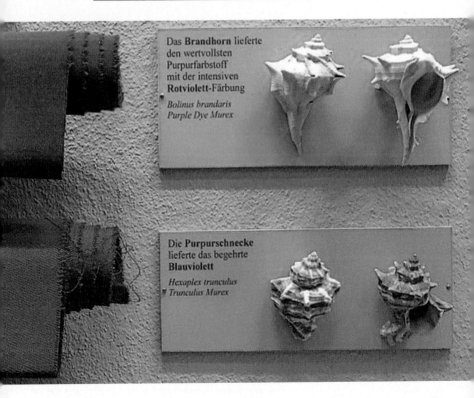

고대에 페니키아라는 해양 국가가 있었습니다. 이 나라에서 생산한 보라색 옷은 타지에서도 무척 인기가 많았는데, 이는 뿔고둥이라고 하는 고둥의 내장에서 꺼낸 아가미아랫샘(hypobranchial gland)을 이용한 염색법으로 만들어진 것이었습니다.

방법은 다음과 같습니다. 아가미아랫샘 속에는 무색 또는 담황색 색소가 포함되어 있습니다. 이를 꺼내 섬유에 문질러 공기 중의 산소로 산화시킵니다. 그러면 분비액이 묻은 부분은 붉은빛이 도는 아름다운 보라색으로 변합니다.

그러나 한 개의 조개에는 아주 미량의 색소만 포함되어 있습니다. 1g의 염료를 얻는 데 약 1,000개에서 2,000개의 조개가 필요합니다. 이렇게 염색된 옷들은 당연히 매우 고가였기에 당시에는 부자들만 이 옷을 입을 수 있었습니다. 왕족, 귀족, 고승만 입을 수 있었기 때문에 로열퍼플, 즉 황제의 보라색이라고 불렸다고 합니다.

찌꺼기에서 탄생한
'신 로열 퍼플'의 정체는?

· 합성염료 ·

사진은 최초로 합성염료를 만든 윌리엄 헨리 퍼킨이다.

합성염료를 세계 최초로 만든 사람은 윌리엄 헨리 퍼킨이라는 청년이었습니다. 1855년 9월 퍼킨은 영국 왕립 화학 대학의 호프만 교수를 찾아갑니다. 호프만 교수는 당시 타르 연구에 열중하고 있었습니다. 석탄을 찌면 코크스가 됨과 동시에 가스가 생성되는데 이것을 석탄가스라고 합니다. 당시 석탄가스는 조명에 사용되어 런던과 파리의 거리를 밝혔습니다.

이때 코크스와 석탄가스를 만들 때 함께 생성되는 '검고 끈적끈적한 것'이 있었습니다. 이는 타르 또는 콜타르라고 불리는 물질로, 당시에는 실험 장치나 파이프를 막히게 해 골칫거리로 여겨졌습니다. 호프만 교수는 '이 콜타르를 무언가에 이용할 수 없을까' 하며 연구를 거듭한 끝에 벤젠(C_6H_6)을 추출하는 데 성공했습니다.

또한 그는 말라리아 특효약인 퀴닌을 합성할 방법을 고민했습니다. 퍼킨이 그의 연구실에 찾아온 때가 바로 이 시기였습니다. 당시 17세였던 퍼킨은 호프만 교수를 따라 매일 퀴닌을 만드는 방법에 대해 연구했습니다. 말라리아는 모기를 매개로 전 세계의 수많은 사람을 죽인 질병이었기에 그는 이 연구에 최선을 다했습니다. 그러나 퍼킨이 조수가 된 지 1년이 지난 뒤에도 연구는 성과가 없었습니다. 퀴닌의 탄소, 수소, 산소 비율을 알고 있었음에도 퀴닌을 만들지 못했습니다. 이 원소들 간의 결합이 복잡했기 때문입니다.

그러던 와중 퍼킨은 벤젠에 NH_2가 붙은 아닐린($C_6H_5NH_2$)을 원료로 퀴닌이 만들어지는지 시험해 봅니다. 이 실험이 실패한 뒤에는 아닐린을 묽은 황산과 다이크로뮴산칼륨으로 산화하면 어떻게 되는지 시험해 봅니다. 물론 이때도 퀴닌을 만들지 못했습니다.

그런데 퀴닌 대신 비커 바닥에 고여 있던 거무스름한 찌꺼기가 있었습니다. 그는 이 거무스름한 찌꺼기를 바로 버리지 않고 알코올에 녹였습니다. 그리고 이를 햇빛에 비춰 보니 선명한 보라색이 나타났습니다.

이때 퍼킨은 옛날 이집트 왕들이 옷을 보라색으로 염색하기 위해 수만 개의 고둥을 채집했다는 이야기를 떠올립니다. 그리고 그는 자신이 발견한 보라색 물질을 저렴한 가격으로 대량생산하여 염료로 활용할 방안을 고민하기 시작합니다. 또한, 그는 이 보라색 염료가 아닐린의 산화에 의해서가 아니라 아닐린과 아주 비슷한 톨루이딘의 산화에 의해서 생성되었다는 사실을 알게 됩니다.

18세의 퍼킨은 이 염료의 특허를 획득한 뒤 호프만 교수를 떠납니다. 이는 1856년의 일입니다. 그리고 아버지와 형제들에게 원조를 받아 퍼킨 부자상회를 만들고 1857년에 공장을 세웁니다.

이들이 초기에 생산했던 염료는 잇달아 반품됩니다. 염료가 천에 제대로 물들려면 매염제(媒染劑)가 필요합니다. 매염제가 없으면 색이 원단에 정착하지 않습니다. 퍼킨이 처음 생산한 염료는 매염제로 처리하지 않은 탓에 염착성(물이 잘 드는 성질)이 좋지 않아 염색이 잘 되지 않았습니다. 결국 퍼킨은 다시 연구에 매달리고, 타닌이나 감의 떫은맛에 포함된 물질을 사용하면 염색이 잘 이루어진다는 사실을 밝혀냅니다.

이렇게 만들어진 최초의 합성염료는 모브라는 이름으로 팔리기 시작했습니다. 이 합성염료는 색이 아름다우면서도 저렴했기에 유럽 전역으로 급속히 퍼져나갔습니다. 천연염료는 품질이 일정하지 않다는 단점이 있었는데, 합성염료의 경우에는 무엇이든 균일하게 염색할 수 있었습니다.

현재는 퍼킨이 만든 모브를 염색에 사용하지 않습니다. 그러나 퍼킨의 연구는 석탄과 석유를 원료로 하여 다양한 화학제품을 만드는 화학공업의 막을 열었다고 할 수 있습니다.

꿈 하나가 발전시킨
염료 화학의 세계

· 벤젠의 고리 구조 ·

벤젠은 오랫동안 분자 구조가 밝혀지지 않았다.
벤젠의 육각형 구조가 밝혀지자 천연염료의 구조가 밝혀졌다.

어떤 물질의 색이 아름답다고 해서 그 물질이 모두 염료가 될 수는 없습니다. 염료는 섬유와 끈끈하게 잘 얽히며 쉽게 떨어지지 않아야 합니다. 또한 햇빛의 에너지는 다양한 물질을 분해하는데, 이를 견디며 세탁, 마찰, 땀 등에 노출되어도 색이 크게 변하지 않는 안정성을 가져야 합니다.

이를 위해서는 섬유 분자의 틈새에 색소 분자가 들어가 화학적으로 결합해 단단히 부착되어 떨어지지 않아야 합니다. 섬유 분자와 색소 분자가 화학적으로 결합하지 않으면 아무리 물들이려고 노력해도 원단에서 색이 바로 빠집니다.

섬유는 목화(셀룰로오스), 비단, 모(단백질) 등의 천연섬유와 리에스터, 아크릴, 나일론 등의 합성섬유 등 다양한 물질로 이루어져 있으며, 화학적 성질이 저마다 다릅니다. 즉, 섬유에 따라서 섬유 분자와 색소 분자의 화학적 결합 방식이 다르므로, 사용하는 염

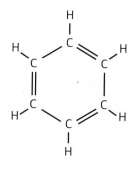

케쿨레가 밝혀 낸 벤젠의 고리 구조

아는 만큼 보이는 세상 | 화학 편

료와 염색 방법을 각기 다르게 적용해야 합니다.

당시 사람들은 염료를 구성하는 탄소나 수소의 비율은 알았지만, 그 분자 구조까지는 알지 못했습니다. 벤젠과 아닐린이 육각고리 형태로 번갈아 연결된(고리 구조) 화합물이라는 사실을 알지 못했던 것입니다. 1865년이 되어서야 독일의 화학자 아우구스트 케쿨레에 의해 벤젠의 구조가 밝혀집니다. 그는 어느 날 꿈에서 뱀이 자기 꼬리를 물며 고리 모양이 된 것을 보고 벤젠의 고리 구조를 떠올렸다고 합니다.

벤젠의 육각형 구조가 밝혀지자 천연염료의 구조도 밝혀졌습니다. 또한 '이것을 이런 순서로 합성해 나가면 마지막에는 이렇게 되지 않을까' 하며 염료의 화학 변화를 상상해 볼 수 있게 되었습니다. 우연에 기대지 않고, 이론적인 전망을 기반으로 물질을 합성해 나가게 된 것입니다.

화장품은
어디서 탄생했을까?

· 안료 ·

고대의 동굴 벽화는 산화철 분말을 사용해 그려졌다.

인류는 옛날부터 알록달록한 색을 즐겼던 것 같습니다. 후기 구석기시대에 그려진 스페인 북부의 알타미라 동굴이나 프랑스 남서부의 라스코 동굴을 살펴보면, 화려하고 생동감 넘치는 동물 벽화를 발견할 수 있습니다.

방사능연대측정법으로 조사한 결과, 알타미라동굴 벽화는 기원전 1만 7000~1만 3500년, 라스코 동굴 벽화는 기원전 1만 6400~1만 4600년 정도에 그려진 것으로 밝혀졌습니다. 방사능연대측정법이란 방사성 원소가 일정한 반감기를 가지고 붕괴한다는 사실에 기초하여 물질의 생성 연대를 재는 방법입니다.

벽화에는 모두 검은색, 빨간색, 노란색, 갈색의 안료(顔料)가 사용되었습니다. 안료는 물이나 기름 등 용제에 녹지 않는 분말로, 물체에 불투명한 색을 입히기 위해 사용됩니다. 안료라는 이름 그대로 화장품 착색제로도 쓰입니다.

안료와 염료는 모두 색채가 있지만, 안료는 물이나 기름에 녹지 않는 분말인 데 반해 염료는 물이나 기름에 녹습니다. 예를 들어, 알타미라나 라스코 동굴 벽화의 빨간색이나 노란색 그림들은 산화철(Ⅱ) 분말을 사용해 그려진 것입니다. 고대인들은 산화철 분말에 짐승의 기름 등을 섞어 사용했습니다.

산화철(Ⅱ) 분말은 지금도 적색 안료로 사용하고 있습니다. 이는 인도 벵골 지방에서 출하하기 때문에 벵갈라라고 불립니다. 벵갈라는 세계에서 가장 오래된 빨간색 안료입니다. 고대 이집트 왕

비는 화장할 때 눈꺼풀에는 검은 방연석(납으로 이루어진 광석)과 녹색 공작석(구리 광석, 말라카이트) 분말을, 입술에는 뻥갈라를 발랐습니다. 이것이 아이섀도와 립스틱의 시초입니다.

인공적으로 만든 안료 중 가장 처음 만들어진 것은 연백(白鉛)입니다. 연백은 납판에 달군 공기, 이산화탄소, 초산의 증기 및 수증기의 혼합 기체를 작용시키면 생성됩니다. 연백은 오랫 동안 피부를 감싸는 화장품의 분(흰 가루)으로 사용되었습니다.

그러나 연백을 바른 사람들이 납에 중독되어 위장병, 뇌 질환, 신경마비 등으로 사망하는 사례가 많았습니다. 다량의 연백 가루를 일상적으로 사용하는 무대 배우는 가슴과 등에 걸쳐 폭넓게 분을 바르기 때문에 그 증상이 더욱 빈번히 나타났습니다. 결국 1934년에 연백을 사용한 분의 제조가 금지되었습니다.

그 뒤로 다양한 금속 원소를 이용한 안료가 만들어집니다. 1900년대에는 대부분의 무기 안료(화학적으로는 무기질인 안료, 광물성 안료라고도 부름)에서 색이 갖춰졌습니다. 그러나 애석하게도 무기 안료 또한 연백처럼 크롬, 수은, 카드뮴, 비소 등 중금속을 원료로 만들어서 안료 자체의 독성이 강했습니다.

현재는 독성이 강한 무기 안료를 무독 물질로 합성해 독성이 상대적으로 적은 유기 안료로 대체하고 있습니다. 예를 들면, 흰색은 안전성이 높은 이산화타이타늄이나 산화아연으로 대체해 사용하고 있습니다.

거대한 분자 '고분자'란?

· 고분자 ·

섬유는 고분자로 이루어져 있다.
모노머가 여럿 결합하여 폴리머가 된다.

섬유는 거대한 분자인 고분자로 이루어져 있습니다. 이는 작은 분자들이 단순히 모여 있는 것이 아니라 원자들이 모두 확실하게 결합해 있다는 것을 의미합니다.

고분자를 이루고 있는 구성단위를 모노머(단량체)라고 합니다. 모노머의 모노는 '하나'를 의미합니다. 이 모노머가 많이 중합해 연결되어 있는 상태를 폴리머(중합체)라고 부릅니다. 폴리머의 폴리는 '다수'를 뜻합니다. 폴리머는 모노머가 수백, 수천 개씩 연결되어 있습니다.

이처럼 현대에는 섬유가 고분자로 이루어져 있다는 사실을 알고 있습니다. 그러나 화학자들은 1920년대가 되어서야 비로소 고분자로 이루어진 화합물이 있다고 주장하기 시작합니다. 이 고분자설에 대해서는 많은 비판이 있었는데, 이때까지만 해도 모든 화학자가 '고분자와 같은 큰 분자는 없다'고 생각했기 때문입니다.

1920년 독일의 화학자 헤르만 슈타우딩거는 전분, 셀룰로오스, 단백질 등이 고분자 물질의 일종이라고 발표했습니다. 보통 물은 두 개의 수소 원자와 한 개의 산소 원자가 결합한 물 분자로 이루어져 있고, 얼음의 경우 당연히 물 분자의 결합 방식 구조를 가집니다. 슈타우딩거는 고분자는 일반적인 분자들과는 달리 물질에 따라 결합하는 분자량이 다르며, 분자 크기의 분포도 다양하다고 주장했습니다.

처음에는 고분자설을 인정하는 사람들이 적었습니다. 그의 주장에 반대하는 사람들은 고분자라는 분자는 없고, 이는 단순히 작은 분자가 모여서 크게 보이는 것이라 여겼습니다. 그러다 점차 고분자설을 지지하는 이들이 많아지는데, 계기가 된 것이 바로 나일론의 등장이었습니다.

모노머는 두 가지 방법으로 결합합니다. 하나는 모노머가 연결될 때 무언가를 분리하지 않고 그대로 결합하는 것입니다. 모두

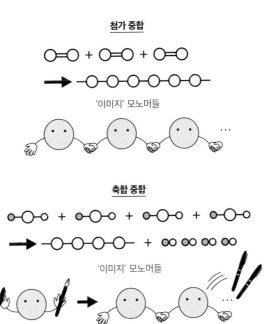

첨가 중합과 축합 중합

출처: Try IT 홈페이지를 바탕으로 SB크리에이티브 주식회사가 작성

가 손을 꽉 잡는 결합 방식을 떠올리면 됩니다.

또 하나는 모노머가 물이나 이산화탄소 같은 작은 분자들을 쫓아낸 상태에서 서로 결합하는 것입니다. 이를 이미지화해서 설명하자면, 한쪽 손에는 만년필 뚜껑, 다른 한쪽에는 만년필 몸체를 듭니다. 그리고 만년필을 한 세트로 만든 다음 그것을 내던지고서 손을 잡는 방식입니다.

전자와 같이 단순히 반복적으로 결합하는 것을 첨가 중합이라고 합니다. 후자처럼 작은 분자를 배출하면서 결합하는 방식은 축합 중합(축중합)이라고 부릅니다. 이는 '줄여서 연결한다'라는 의미입니다.

이러한 방식으로 거대한 고분자가 만들어집니다.

일상생활에 쓰이는 천은
어떻게 만들었을까?

· 천연섬유 ·

섬유는 천연섬유와 화학섬유로 나뉜다.
천연섬유의 성분으로 가장 유명한 것은 '셀룰로오스'이다.

천은 실을 엮어 만듭니다. 그리고 실은 가늘고 긴 고분자로 이루어진 섬유를 조합해 만듭니다.

섬유는 크게 천연섬유와 화학섬유로 나뉩니다. 천연섬유에는 면이나 삼베 등의 식물섬유와 비단이나 양모 등의 동물섬유가 있습니다. 화학섬유에는 레이온 등의 재생섬유, 아세테이트 등의 반합성섬유, 나일론, 폴리에스터, 아크릴섬유 등의 합성섬유가 있습니다.

인류는 고대부터 대부분 천연섬유를 사용했습니다. 화학섬유가 탄생한 시기는 1884년으로, 천연섬유를 약간 개량해 재생섬유를 발명했습니다. 재생섬유는 천연섬유 또는 단백질을 녹여 섬유 모양으로 만든 다음 실로 만든 것입니다.

천연섬유의 성분 중 가장 유명한 것은 셀룰로오스로, 여기에는 포도당이라는 작은 분자가 많이 결합해 있습니다. 이 셀룰로오스의 일부를 화학적으로 조금 다르게 만든 다음 이를 섬유로 만든

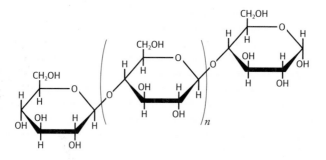

셀룰로오스 분자 구조

것을 반합성섬유라고 합니다.

합성섬유는 식물섬유나 동물섬유 등의 천연섬유를 원료로 사용하지 않는, 100% 인간이 만든 섬유를 뜻합니다.

합성고무는
어떻게 만들었을까?

· 고분자 화학공업 ·

모노머의 원자 일부를 염소로 바꾸자 합성고무가 탄생했다.
이 합성고무는 '폴리클로로프렌'이라고 부른다.

나일론을 발명한 윌리엄 캐러더스는 하버드대학의 교수였습니다. 당시 그는 미국의 거대 화학 기업 듀폰사에게 영입 제의를 받았고, 이를 수락합니다. 이유가 무엇이었을까요?

바로 고분자설을 확실하게 확인하기 위해서였습니다. 그 무렵에는 고분자에 대한 논의가 활발하게 이뤄졌습니다. 그는 자신의 연구팀을 총동원하여 '모노머가 결합하면 폴리머가 될지도 모른다'라는 설을 다각도로 연구했습니다.

그리고 1931년, 그는 폴리클로로프렌이라고 하는 합성고무를 발명합니다. 천연고무를 만들려면 고무나무에 상처를 낸 다음, 나무에서 나온 흰 고무 수액을 모아 유황과 섞습니다. 그러면 걸쭉한 수액이 탄력 있고 딱딱한 고무로 바뀝니다. '천연고무의 성분은 이미 알고 있으니 그 성분의 가장 작은 물질, 즉 모노머를 결합해(중합시켜서) 천연고무를 재현할 수 없을까?' 하는 의문이 첫 번째 연구였습니다.

그의 생각과는 달리 천연고무를 인공적으로 만들 수는 없었습니다. 그런데 모노머라고 생각했던 원자 일부를 염소 원자로 바

폴리클로로프렌의 구조

꿔 연결했더니 폴리클로로프렌이라는 고무가 완성됐습니다. 그는 이 합성고무를 공업 생산하여 시장에 내놓았습니다. 이것이 합성 고분자 화학공업의 시작입니다.

스타킹의 실이
가는데도 강한 이유

· 나일론의 합성 원리 ·

나일론은 헥사메틸렌다이아민과 염화아디프산을 중합하여 녹여 만든다.
나일론 스타킹은 실크 스타킹보다 내열성과 내수성이 강했다.

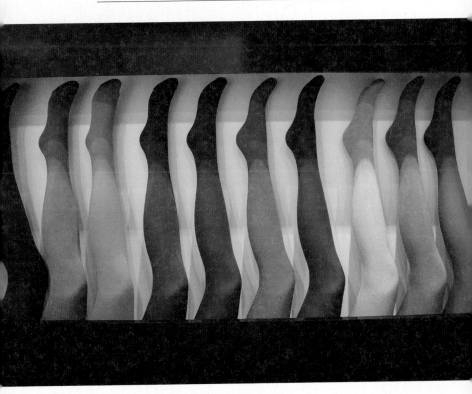

캐러더스는 나일론의 아버지로도 유명합니다. 그는 고무뿐만 아니라 면과 비단 등 천연섬유를 대신할 수 있는 합성섬유를 만들길 원했습니다. 처음에는 면과 같은 식물성 섬유를 바탕으로 합성섬유를 만들고자 했습니다. 이렇게 만든 섬유는 강했지만 내열성과 내수성이 약해 실용화할 수 없었습니다.

그래서 그는 식물성 섬유에서 눈을 돌려 누에가 내뿜는 비단에 주목했습니다. 비단과 비슷한 섬유를 만들기 위해 수백 개의 조합을 시도해 나갔는데, 이는 결합 방식을 달리하며 수백 개의 조

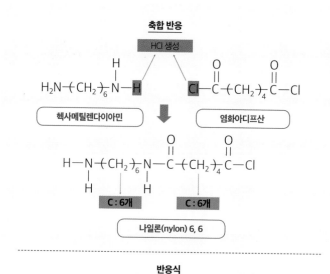

나일론의 합성 원리

합을 일일이 확인해야만 하는 대규모의 작업이었습니다.

그와 그의 밑에 있는 스무 명의 연구원들은 모두 그 작업에 몰두했습니다. 새로운 발견이라기보다는 조합을 일일이 확인해 나가는 작업이어서, 작은 것부터 차근차근 철저하게 수행해야 했습니다.

1934년 연구를 거듭하던 캐러더스와 그의 연구진들은 헥사메틸렌다이아민과 염화아디프산을 중합해 열로 녹인 점액을 만들었습니다. 그리고 이를 늘리자 비단보다 뛰어난 성질을 가진 실이 나타났습니다. 이것이 나일론입니다. 캐러더스는 1년 뒤인 1935년에 나일론 특허를 취득했습니다.

나일론 손수건으로 땀이
잘 닦이지 않는 이유

· 고분자 화학공업 ·

아시아에서는 나일론의 원료를 구하기 어려워 비닐론이라는 대체 섬유를 개발했다.
나일론은 실크를 대체하고, 비닐론은 무명실을 대체했다.

나일론이 세상에 등장하면서 비단으로 만든 실크 스타킹은 역사속으로 사라집니다. 나일론은 스타킹이나 의류 외에도 수술용실, 낚싯줄, 로프, 낙하산, 타이어 코드(타이어를 보강하기 위해서 고무 속에 들어 있는 섬유) 등에 이용되었습니다.

나일론이 탄생하자 논란이 많았던 고분자설은 정설로 확립됩니다. 이론에 근거한 고분자 화학공업은 나일론의 탄생으로 시작되었다고 말할 수 있습니다.

아시아에서는 나일론의 원료가 구하기 어려웠기에 화학섬유 분야 교수인 사쿠라다 이치로와 서울대학교의 리승기 박사가 나일론과 비슷한 다른 섬유를 개발하기 위해 연구를 시작합니다. 그렇게 개발된 것이 과거 북한에서 썼던 비닐론(비날론)이라는 섬유입니다.

비닐론은 세탁풀과 세탁 세제의 성분인 폴리비닐알코올(PVOH)을 바탕으로 이야기하면 이해하기 쉽습니다. 세탁풀은 폴리비닐알코올이라고 하는 고분자를 물에 녹인 용액입니다. 폴리비닐알코올은 산소 원자 O와 수소 원자 H가 결합된 하이드록시기(-OH)가 분자 안에 다량으로 있어 물과 사이가 좋은 고분자입니다.

하이드록시기(-OH)를 다량으로 함유한 다른 고분자로는 셀룰로오스가 있습니다. 셀룰로오스는 종이나 면을 구성하는 성분입니다. 셀룰로오스도 하이드록시기(-OH)를 많이 가지고 있기 때문에 종이나 면은 물과 사이가 좋습니다. 면으로 된 수건은 물과 사이가 좋기 때문에 땀이 잘 닦이는 것이죠. 반대로 나일론은 물과 사이가 나쁩니다. 그래서 나일론 수건으로는 땀이 잘 닦이지 않는 것입니다.

이처럼 하이드록시기(-OH)를 다량으로 포함한 물질로 섬유를 만들면 어떻게 될까요? 물에 녹는 섬유가 됩니다. 이 때문에 비닐론은 하이드록시기(-OH)를 다른 물질과 반응시켜 파괴해 만듭니다. 파괴하는 방법에 따라 하이드록시기의 비율을 여러 가지 경우로 조정할 수 있습니다. 이렇게 만든 비닐론은 나일론처럼 강하며, 그 촉감이나 흡수성은 면에 가깝습니다. 나일론은 실크를 겨냥했으나 비닐론은 무명실에 대항했습니다.

현재는 폴리에스터, 아크릴섬유, 나일론 등이 합성섬유의 주력을 차지하고 있습니다. 폴리에스터는 매우 강해서 구김이 잘 가지 않는 섬유입니다. 건조가 빠르고 퍼머넌트 플리츠 가공이 용이하여 주름을 미리 잡아둘 수 있습니다. 아크릴섬유는 포근하고 가벼운 섬유로, 합성섬유 중 가장 양모와 비슷한 성질을 지녔습니다. 그래서 스웨터나 속옷, 담요 등에 이용되고 있습니다.

이처럼 우리는 천연섬유뿐만 아니라 합성섬유로 된 옷을 착용하는 시대에 살고 있습니다.

'플라스틱'은
무엇일까?

· 합성수지 ·

수지는 천연수지와 합성수지로 나뉜다.
플라스틱은 다른 말로 합성수지라고도 한다.

우리의 생활은 그야말로 플라스틱(합성수지)으로 둘러싸여 있습니다. 문구, 용기, 식기, 포장 재료, 시트 등 플라스틱으로 된 것이 많죠. 특히 플라스틱을 많이 사용하는 곳은 포장 업계와 건축 업계입니다. 플라스틱 제품은 금속 제품과 비교해 가볍고 유연하며 손에 닿으면 온기가 있습니다. 그리고 전기나 열의 전도율이 낮습니다.

플라스틱은 '합성수지'라고도 합니다. 수지란 나무껍질에 상처를 내면 분비되는 끈적끈적한 액체가 굳어진 것으로, 가장 유명한 것은 송진입니다. 나무껍질에 상처를 내어 굳어진 것이 천연수지입니다.

반면 플라스틱은 인류가 만들어 낸 재료, 인류가 발명한 재료입니다. 주로 석유를 원료로 만들어집니다. 플라스틱 시대라고 할 정도로 플라스틱 산업이 크게 성장한 것은 1950~1960년대의 일입니다. 이제 플라스틱 제품은 모든 산업에 퍼져 있습니다.

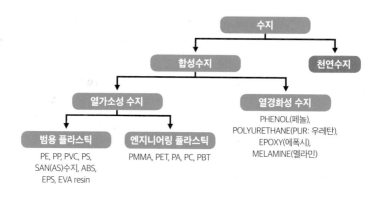

열로 딱딱해지는 플라스틱과
부드러워지는 플라스틱

· 플라스틱의 특징 ·

합성수지는 열가소성 수지와 열경화성 수지로 나뉜다.
열가소성 수지는 열을 가하면 물렁해지고, 열경화성 수지는 딱딱해진다.

플라스틱은 가소성(可塑性)을 의미합니다. 가소성은 단순히 소성이라고도 합니다. 재료에는 탄성과 소성이라는 성질이 있습니다. 탄성이라고 하는 성질은 물질에 힘을 가하면 수축하고, 그 힘을 제거하면 원래대로 돌아가는 성질입니다. 물건에 가하는 힘이 세지면 탄성이 사라지며 원래 상태로 돌아가지 않게 됩니다. 변형된 채로 있는 것입니다. 이를 소성이라고 부릅니다. 플라스틱은 이러한 소성을 지닌 물질입니다.

플라스틱은 합성섬유와 마찬가지로 폴리머라는 고분자로 이루어져 있습니다. 플라스틱은 열을 가했을 때의 차이에 따라 열가소성 수지와 열경화성 수지로 구분합니다.

열가소성 수지는 열을 가해서 물렁물렁한 상태일 때 금속으로 만든 금형에 넣어 식히면 그 금형의 형태로 굳습니다. 열가소성

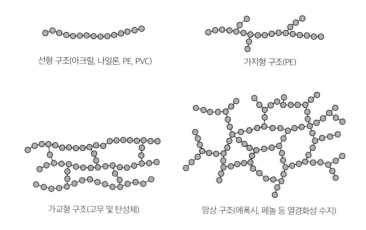

선형 구조(아크릴, 나일론, PE, PVC)

가지형 구조(PE)

가교형 구조(고무 및 탄성체)

망상 구조(에폭시, 페놀 등 열경화성 수지)

폴리머의 다양한 결합 구조

수지에는 종류가 많습니다. 유명한 것은 폴리에틸렌, 폴리염화비닐, 폴리스티렌 등입니다. 열을 가하면 부드러워져 압출성형이 가능합니다. 대개는 모노머가 비교적 직선형이면서 사슬 모양으로 연결된 일차원 구조의 고분자입니다.

반면 열경화성 수지는 가열하면 딱딱해집니다. 열가소성 수지와는 반대로 열경화성 수지는 사슬 모양에 일직선상으로 나열된, 3차원적인 그물 모양으로 복잡하게 얽혀 있는 고분자이기 때문입니다. 열경화성 수지를 가열하면 그물망 모양의 연결이 더 강하게 결합하여 굳어지기에 가열해도 부드러워지지 않습니다.

열경화성 수지로 유명한 것은 육각형 벤젠에 OH가 가득 결합해 3차원적으로 구성된 페놀 수지입니다. 인류가 최초로 만든 인공 플라스틱인 베이클라이트 합성수지 또한 페놀 수지의 일종입니다. 이외에 유명한 열경화성 수지로는 요소(우레아) 수지와 멜라민 수지가 있습니다.

식당 테이블 중 상판을 플라스틱으로 만드는 것이 있는데, 만약 열가소성 수지로 만든 상판에 뜨거운 음식을 올리면 자국이 그대로 남을 것입니다. 그래서 플라스틱 테이블 상판은 멜라민 수지 등의 열경화성 수지로 만듭니다. 일상에서 자주 쓰는 플라스틱 제품은 대부분 열가소성 수지로 만듭니다. 비닐봉지나 폴리 용기 등이 열가소성 수지로 되어 있습니다. 쉽게 다양한 형태로 만들 수 있기 때문입니다.

플라스틱이
당구공 때문에 탄생했다고?

· 셀룰로이드의 구조 ·

셀룰로이드는 장뇌와 니트로셀룰로오스를 섞은 일종의 플라스틱이다.
반합성 플라스틱이라고도 불린다.

셀룰로이드는 미국에서 놀이 도구를 위해 만든 플라스틱입니다. 과거에는 당구가 유일하다고 할 수 있는 어른들의 놀이였습니다. 가장 초기의 당구공은 당구의 인기가 워낙 높았고 상아로 만들어진 탓에 수요에 맞춰 생산하지 못했습니다. 그래서 당구공을 만드는 회사는 '대용품을 만들면 1만 달러를 주겠다'라는 현상금을 내겁니다.

셀룰로이드는 독일의 하얏트 형제가 1860년대 후반에 발명했다고 알려져 있는데, 사실 이들은 다른 사람의 특허를 사들인 사람일 뿐입니다. 실제로 셀룰로이드를 발명한 인물은 영국의 화학자 알렉산더 파크스입니다. 그는 1850년대에 니트로셀룰로오스와 장뇌(樟腦, 특정 상록수의 목재에서 얻는 유연한 고체)를 고루 반죽하여 셀룰로이드를 만들었고 특허까지 받았습니다.

셀룰로오스는 식물성 섬유를 만드는 천연 고분자로, 다수의 포도당 분자가 연결된 형태입니다. 목화, 삼베, 목재 등에 많이 포

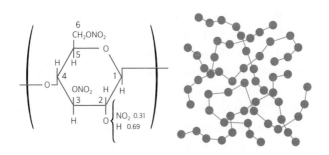

셀룰로이드 화학식과 셀룰로이드 섬유가 뭉친 플라스틱 구조

함되어 있습니다. 셀룰로오스는 분자 안에 하이드록시기($-OH$)를 많이 지니고 있습니다. 이 OH 부분의 H 대신 한 개의 질소 원자와 두 개의 산소 원자가 결합한 NO_2를 넣으면 니트로셀룰로오스(중합체로, 여러 가지 화학식이 존재함)가 됩니다. 또한 대부분의 OH에 NO_2를 넣으면 면화약이 되었습니다. 셀룰로이드는 셀룰로오스를 가공한 뒤 장뇌와 함께 반죽한 것이기 때문에 반합성 플라스틱으로 불렸습니다.

셀룰로이드는 처음부터 실용화되진 않았습니다. 그래서 파크스는 하얏트 형제에게 특허를 팔았고, 그들이 셀룰로이드 개발을 진행했습니다. 하얏트 형제는 셀룰로이드로 당구공의 상아 대용품을 만들어 현상금을 획득했습니다.

또한, 이들은 셀룰로이드를 이용해 카메라 필름도 만들었습니다. 셀룰로이드의 가장 큰 단점은 원료인 니트로셀룰로오스가 매우 타기 쉬운 물질이라는 것입니다. 사실 셀룰로이드는 실온에서 사용했을 때는 별 문제가 없지만, 온도가 높아지면 자연 발화 및 변형과 같은 문제가 발생합니다. 그래서 가끔 영화관에서 불이 났습니다.

이러한 이유 때문에 셀룰로이드로 만든 필름을 보관하려면 에어컨으로 항상 일정한 온도를 유지해야 합니다. 하지만 하루 종일 에어컨을 켜 놓을 수는 없기에 영화계에서는 더 이상 셀룰로이드 필름을 사용하지 않습니다.

원료에 따른 다양한 합성 플라스틱의 탄생

· 4대 플라스틱 ·

산업화 시대에는 석탄을 이용한 화학제품도 활발하게 만들어졌다.
화학공업의 원료는 석탄에서 석유와 천연가스로 바뀌어 왔다.

1907년 베이클랜드라는 인물이 앞에서 언급한 베이클라이트라는 합성수지를 발명했습니다. 베이클라이트는 화학적으로는 페놀 수지라고 하는 열경화성 수지 중 하나입니다. 셀룰로오스라는 천연물을 화학 처리하여 만든 셀룰로이드와 달리 베이클라이트는 석탄을 원료로 만든 화학제품입니다.

당시 세계는 산업화가 활발하게 이루어진 시기였습니다. 전기 제품의 인기가 치솟았기에 전기가 흐르지 않는 절연체의 중요성 또한 커지고 있었습니다. 전류 회로에서 합선이 일어나 화재가 발생하는 일을 막기 위해서였습니다. 베이클라이트는 주로 전기

베이클라이트 구조

산업의 절연 재료로 사용되었습니다. 또한 기계 용품, 용기, 가구 등의 재료가 되기도 했습니다.

석탄은 석유가 등장하기 전까지 화학공업 원료의 주역이었습니다. 석탄 화학공업은 석탄으로 카바이드(탄화칼슘)를 만들어 아세틸렌가스를 발생시키고, 이를 원료로 하여 다양한 제품을 만드는 공업입니다. 베이클라이트 또한 이러한 과정을 통해 만들어진 제품이었습니다. 다시 말해, 베이클라이트는 석탄계 원료로 만들어진 최초의 완전한 플라스틱이었습니다. 이 베이클라이트를 계기로 새로운 플라스틱에 대한 연구가 활발해졌습니다.

오늘날 플라스틱을 생산량이 많은 순서대로 나열하면 폴리에틸렌, 폴리프로필렌, 폴리염화비닐, 폴리스티렌입니다. 이 네 가지를 4대 플라스틱이라고 부릅니다.

이들은 모두 열가소성 수지로, 구조도 매우 비슷합니다. 폴리스티렌은 1900년대에 만들어진 수지로, 당시 플라스틱으로는 새로운 화합물이었습니다. 여기에 발포제를 넣어 발포시킨 단열제를 스티로폼이라고 합니다.

이들 원료의 대부분은 석탄에서 석유와 천연가스로 바뀌었습니다. 주로 쓰는 원료는 탄화수소로, 이는 원유를 분별 증류(끓는 점의 차이를 이용해 혼합물을 분리하는 방법)해 얻은 나프타(휘발성 석유의 일종) 속의 탄소 원자와 수소 원자를 결합시켜 만듭니다.

비닐도 되고 용기도 되는
이 '원료'의 정체는?

· 폴리에틸렌 ·

폴리에틸렌은 고압법과 저압법 두 가지 방법으로 만든다.
비닐봉지는 고압법으로 만든 저밀도 폴리에틸렌이다.

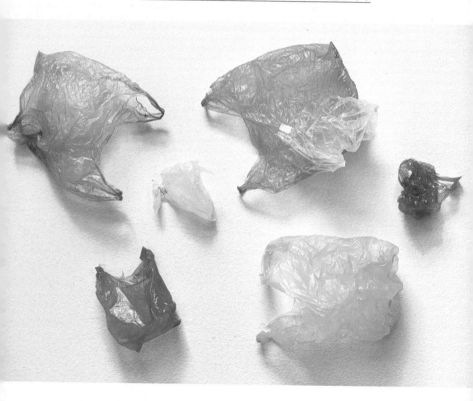

우리에게 익숙한 플라스틱인 폴리에틸렌에 관해 이야기해 보겠습니다. 폴리에틸렌 제품 중 주변에서 흔히 볼 수 있는 것은 비닐봉지입니다. 비닐봉지는 시트로 만들기 쉬우며, 열을 이용하면 손쉽게 시트끼리 붙일 수 있습니다. 이처럼 가공하기 용이해서 다양한 형태로 사용되고 있습니다.

폴리에틸렌은 두 가지 방법으로 만들어집니다. 고압법과 저압법입니다. 고압법으로 만든 폴리에틸렌이 압력 덕분에 더 튼튼할 것이라고 생각하기 쉽습니다. 사실은 그렇지 않습니다. 고압법으로 만든 폴리에틸렌이 저밀도 폴리에틸렌, 저압법으로 만든 것이 고밀도 폴리에틸렌이 됩니다.

일반적으로 사용하는 비닐봉지는 저밀도 폴리에틸렌, 즉 고압법으로 만들어집니다. 저압법으로 만들어지는 고밀도 폴리에틸렌은 불투명하고 딱딱하며 폴리 용기 등에 사용됩니다.

일회용 기저귀의 흡수력이 엄청난 이유는?

· 고성능 플라스틱 ·

고흡수성 수지는 그물 모양의 망상 구조를 가지고 있다.
그물 사이사이의 구멍들로 인해 물을 잘 흡수할 수 있다.

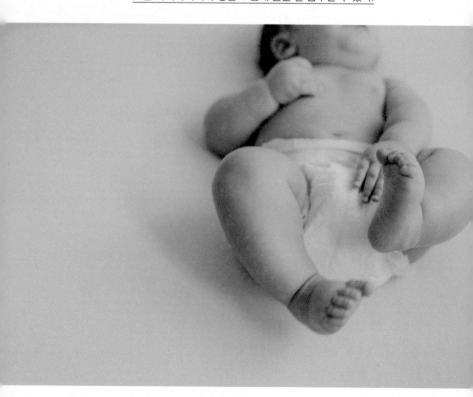

기계장치 등의 분야에서 금속의 대체 재료로 사용하는 고성능 플라스틱이 있습니다. 이를 엔지니어링 플라스틱이라고 합니다 (230쪽 참고). 오늘날에는 강도, 내열성, 내마모성이 뛰어난 여러 종류의 고성능 플라스틱이 개발되어 있습니다.

특히 폴리카보네이트, 폴리아미드, 폴리아세탈, 폴리페닐렌에테르, 폴리부틸렌테레프탈레이트 등은 5대 엔지니어링 플라스틱이라고 불립니다.

여기에 한 글자가 더 붙은 슈퍼 엔지니어링 플라스틱도 있습니다. 이는 내열 온도가 150℃ 이상으로, 고온에 장시간 노출되는 가혹한 환경에서 사용되는 플라스틱입니다.

다양한 기능을 고려하여 분자 설계를 한 기능성 플라스틱도 개발되고 있습니다. 일상에 흔히 볼 수 있는 기능성 플라스틱으로는 고흡수성 수지가 있습니다. 이는 가루 모양을 한 플라스틱의

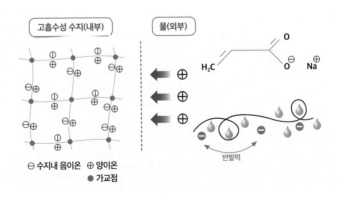

고흡수성 수지의 흡수 원리

일종으로, 기저귀에 쓰입니다.

고흡수성 수지 분자는 그물 모양의 망상 구조를 갖고 있습니다. 그래서 사이사이의 많은 구멍들로 인해 물을 잘 흡수할 수 있습니다(모세관 현상). 구멍이 많은 스펀지가 물을 흡수할 수 있는 것과 비슷한 원리라고 볼 수 있습니다.

고흡수성 수지의 내부와 외부 용액(물) 사이의 이온농도 차이로 인해 물이 고흡수성 수지의 내부로 이동(삼투압 현상)하게 되는데, 물 분자들이 고흡수성 수지 내부로 유입되면 내부에 고정된 음이온들이 반발력에 의해 일정한 공간을 차지하려고 하면서 고분자 사슬의 공간이 팽창하게 돼 물을 더 많이 흡수하게 되는 원리(정전기적 반발력)입니다.

고흡수성 수지 0.5g에 물 100ml를 더하면 겔화되어 굳어집니다. 이 수지는 자기 질량의 수백 배나 되는 물을 흡수할 수가 있기에 기저귀 등의 흡수체로 적합합니다.

플라스틱도 흙으로 변하는
시대가 되었다?

· 플라스틱의 분해 ·

플라스틱은 먹이로 삼는 미생물이 없어 자연 분해가 어렵다.

플라스틱에는 큰 문제점이 하나 있습니다. 인위적으로 만든 물질이다 보니 플라스틱을 먹고 에너지로 삼는 미생물이 없다는 점입니다. 그래서 좀처럼 분해되지 않고 그대로 자연에 남습니다. 튼튼하고 안정적인 물질인 플라스틱은 사용할 때는 매우 유용하지만, 바로 이 성질 때문에 폐기물 처리 문제가 발생합니다.

자연에 흩어진 플라스틱 제품 중에는 회수하기 어려운 것이 많습니다. 물새의 발에 엉킨 낚싯줄이나 바다거북의 코에 끼인 플라스틱 빨대 등 플라스틱 쓰레기는 야생동물의 생명을 위협하고 환경을 훼손해 큰 문제가 되고 있습니다.

오늘날에는 생분해성 플라스틱 개발이 활발하게 진행되고 있습니다. 생분해성 플라스틱은 일반 플라스틱과 제품성은 동일하지만, 쓰고 난 뒤에는 미생물의 작용을 통해 물과 이산화탄소로 분해되는 플라스틱입니다.

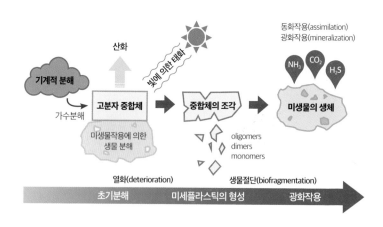

논이나 밭에서 작물 모종 주위에 씌우는 비닐이 있습니다. 이는 멀칭 필름이라고 부르며, 농사할 때 토양의 온도를 유지하고 잡초가 발생하는 것을 막아줍니다. 그런데 농사가 끝난 뒤에 멀칭 필름을 불법적으로 소각하거나 매립하는 경우가 많습니다.

이를 생분해성 멀칭 필름으로 대체하면 폐기하지 않아도 자연스레 땅속에서 물과 이산화탄소로 분해되어 환경오염을 방지할 수 있습니다. 또한, 음식물 쓰레기봉투나 일회용 접시, 음료 컵을 생분해성 플라스틱으로 만들면 남은 음식물과 함께 제품도 분해되어 퇴비 등의 자원으로 이용할 수 있습니다.

6

CHAPTER

이제는
없어서는
안 될
화학 에너지

- 석유 -

에너지원은 어떻게
변해 왔을까?

· 에너지원 ·

연료는 나무, 석탄, 석유 등으로 변화해 왔다.
석유는 의약품, 염료, 합성섬유 등 화학 공업의 중심에 있다.

유사 이래 인류가 주로 사용했던 연료는 나무, 즉 장작이나 목탄입니다. 철기 혁명이 일어난 뒤부터 인류는 목탄을 대량으로 확보해야 했습니다. 철을 만들기 위해서는 고온의 열이 필요합니다. 인류는 문명이 발전할수록 더 많은 나무를 베어내기 시작했고, 결국 중세 시대에 심각한 수준의 나무 부족 사태를 겪습니다.

12~13세기 영국과 독일에서는 나무의 대체재로써 본격적으로 석탄을 채굴하기 시작했습니다. 석탄에 열을 가해 쪄서 코크스로 사용하는 근대 제철 산업이 탄생한 배경입니다. 이때부터 석탄의 소비량은 비약적으로 증대합니다. 더군다나 산업혁명이 일어난 뒤로는 석탄으로 증기기관을 작동시켰으니, 당시 얼마나 많은 양의 석탄이 필요했을지 짐작조차 되지 않습니다. 이렇게 석탄은 생활에 사용되는 에너지원의 중심으로 자리를 잡았습니다.

이때까지만 해도 석유는 사람들에게 알려지지 않은 자원이었습니다. 기원전 이집트에서는 미라를 보존하기 위해 방부제로 아스팔트(석유를 정제한 잔류물에서 나오는 검은 덩어리)를 사용했지만, 석유의 존재는 세간에 알려지지 않았습니다.

세계 최초로 석유 시추에 성공한 사람은 미국인 에드윈 드레이크입니다. 1859년 그는 증기기관을 이용해 땅에 구멍을 뚫고 파고들어 석유를 채굴합니다. 그래서 1859년은 세계 석유산업이 탄생한 해로 알려져 있습니다.

에디슨이 전기 조명을 발명하기 전 시대에는 등유를 사용해 램

프의 조명을 켰습니다. 또한, 자동차 엔진의 연료로 휘발유를 사용했습니다. 특히 1903년 미국에서 자동차가 대량 생산되면서 휘발유의 수요가 점점 커집니다.

오늘날 석유는 필수 불가결한 에너지원이자 매우 중요한 기초 원료입니다. 20세기 후반부터 지금까지 석유는 석탄을 대신해 의약품이나 염료, 합성섬유, 플라스틱, 합성고무 등을 만드는 화학 공업의 중심이 되었습니다.

석유를 끓여서
분별하는 이유

· 석유의 종류 ·

석유는 탄소 원자와 수소 원자가 결합한 탄화수소의 혼합물이다.
물질별로 끓는점이 달라 여러 종류의 원료로 나눌 수 있다.

석유는 탄소 원자와 수소 원자가 결합한 물질, 즉 탄화수소의 혼합물입니다. 결합한 탄소 원자의 수에 따라 분자의 성질이 다릅니다. 정제하지 않은 석유를 원유라고 하는데, 신기하게도 원유의 성분은 채굴한 장소에 따라 다릅니다.

원유를 채굴하면 가장 먼저 분별 증류를 합니다. 분별 증류란 두 개 이상의 물질이 섞여 있는 용액에서 끓는 온도(끓는점)의 차이를 이용해 성분을 나누는 방법입니다. 이 분별 증류를 이용하면 휘발유(가솔린), 액화석유가스(LPG), 나프타, 등유, 경유 등을 얻을 수 있습니다.

액화석유가스는 프로판(끓는점 약 -42°C)이나 부탄(끓는점 약 -1°C) 등 끓는점이 낮은 물질들로 구성되어 있어 쉽게 발화합니다. 자동차의 연료가 되는 휘발유는 대략 5~10개의 탄소원자로 구성되

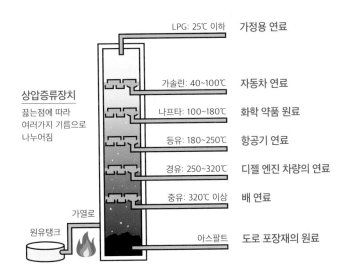

어 있으며 끓는점은 약 40~100℃입니다. 석유화학공업의 주원료인 나프타는 원유를 증류할 때 100~180℃ 끓는점 범위에서 생성되는 탄화수소 혼합체입니다. 나프타에서는 에틸렌, 프로펜, 벤젠 등의 원료를 얻을 수 있습니다.

이외에도 가정용 연료나 제트기의 연료로 사용되는 등유는 탄소수 약 11~15개로 끓는점은 180~250℃, 디젤 엔진의 연료인 경유는 탄소수 약 15~20개인 탄화수소가 주성분으로 끓는점은 약 250~320℃입니다.

원유에서 이들을 뽑아낸 후 얻어지는 점성유를 중유(重油)라고 부릅니다. 중유는 선박 연료로 사용되며, 이를 한 번 더 분별 증류하면 끈적끈적한 고체 상태의 물질인 아스팔트가 됩니다.

에너지원은 왜 석탄에서
석유로 바뀌었을까?

· 에너지혁명 ·

석유는 석탄보다 수송비가 저렴하고 연소가 쉽다.
아직 석탄도 석유 못지않게 많은 쓰임이 있다.

제2차 세계대전이 일어난 뒤 사람들은 중동에 석유 자원이 풍부하다는 사실을 알게 됩니다. 당시 강대국들은 즉시 이를 개발했고, 또한 유조선을 대형화시켜 대량 수송하기 시작했습니다.

석유는 석탄에 비해 수송비가 저렴했고, 연소하기 쉬웠으며, 파이프를 통해 여러 곳으로 운반할 수 있었습니다. 또한 연소 후 재가 거의 나오지 않는 등 연료로써의 우수성이 높았기에 사람들은 석탄에서 석유로 눈길을 돌렸습니다. 그리고 얼마 지나지 않아 석탄화학공업에서 석유화학공업으로 화학제품을 만드는 원료도 바뀝니다.

이는 주로 쓰는 에너지가 고체 석탄에서 유체(액체와 기체) 석유와 천연가스로 전환한 것을 가리킵니다. 경우에 따라서는 에너지의 유체화라고도 부릅니다.

현대를 도구의 기준에서 보면 철기문명시대의 연장선상에 있다고 볼 수 있습니다. 그러나 에너지의 관점으로 구분한다면 석

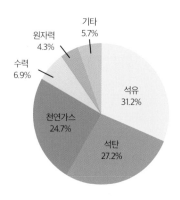

유문명의 연장선상에 있습니다. 동력원, 제품을 만드는 원료, 전기를 일으키는 에너지원으로 석유를 사용하기 때문입니다.

2020년도 전 세계 1차 에너지 소비량은 석유 31.2%, 석탄 27.2%, 천연가스 24.7%, 수력 6.9%, 원자력 4.3%입니다. 현재는 석유를 중심으로 이뤄진 문명이지만, 석탄도 여전히 이용하고 있습니다.

석유는 진짜로
생물의 사체가 주원료일까?

· 석유의 생성 과정 ·

석유 생성 가설로는 생물 기원설과 비생물 기원설이 있다.
석유 속 헤모글로빈 고리 모양 분자 때문에 생물 유래설이 유력하다.

석유가 만들어진 과정에는 지금도 밝혀지지 않은 부분이 많습니다. 대표적인 가설로는 생물 기원설과 비생물 기원설이 있으며, 비생물 기원설은 무기성인설이라고도 합니다.

현재 가장 유력한 가설은 생물 기원설입니다. 석유 속에 헤모글로빈을 만드는 고리 모양 분자와 비슷한 것이 들어 있기 때문

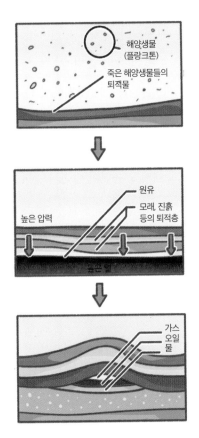

석유가 생성되는 과정

입니다. 생물에서 유래하지 않았다면 이러한 것이 포함되기 어렵기에 생물 기원설이 유력시되고 있습니다.

사람들은 생물 기원설 중에서도 유기물(케로진)설을 눈여겨보고 있습니다. 이는 생물의 사체가 해저나 호수 바닥에 퇴적된 뒤 유기물이 되어 석유로 변한다는 주장입니다.

비생물 기원설은 지구가 만들어질 당시 내부에 갇힌 탄화수소가 열과 압력으로 변성되어 석유가 되었다는 주장입니다. '태양계가 탄생했을 때 이미 석유의 근원이 되는 탄화수소가 지구의 중심에 있었던 것이 아닌가' 하는 생각에서 나온 가설입니다. 탄화수소가 땅속에서 다양한 반응을 일으키면서 땅 쪽으로 서서히 스며든 것이라고 여기는 것이지요. 과거 생물이 존재하지 않았을 것으로 보이는 장소에서도 유전이 발견되기 때문에 비생물 기원설 또한 완전히 부정할 수는 없습니다.

석유는 앞으로
몇 년 안에 고갈될까?

· 석유 매장량 ·

석유가 고갈되는 일은 쉽게 일어나기 어렵다.
실제 시간이 흐를수록 세계 석유 매장량은 늘어나는 것으로 확인되고 있다.

학창 시절 20~40년 안으로 석유가 고갈될 것이라는 이야기를 자주 듣지 않았나요? 고등학생 때 화학 선생님이 칠판에 '석유의 수명은 앞으로 30년'이라고 쓰셨던 것이 기억납니다. 당시 제가 18세였으니 48세 때쯤에 석유가 고갈된다는 이야기가 됩니다.

이는 자원의 매장량을 연간 생산량으로 나누어 확인한 수치로, 가채연수라고 합니다. 그러나 지하를 파서 조사한 실질적인 매장량이 아니라 당시에 확인된 매장량을 기준으로 가채연수를 구합니다.

선생님의 말씀과는 달리, 앞으로 50년이 더 지나도 석유가 바닥나는 일은 없을 듯합니다. 그 사이에 석유 자원이 새롭게 발견되거나 확인될 가능성이 크고, 나아가 에너지원의 전환이 진행될

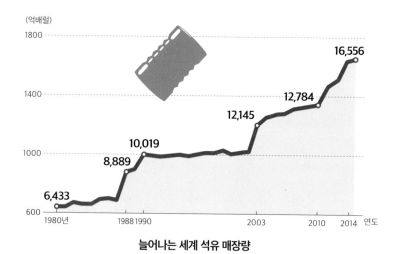

늘어나는 세계 석유 매장량

자료: 미국에너지정보청(EIA)

수도 있기 때문입니다.

또한 암석 속에 스며든 석유나 암석과 암석 사이의 가스 등을 추출하는 새로운 채굴 방법이 발견될 가능성도 있습니다. 오일샌드나 오일셰일(석유를 함유한 암석)에서 석유를 추출하는 기술이 지금보다 더 발달할 수 있습니다.

이러한 석유는 채굴에서 수송, 정제, 석유제품 소비에 이르기까지 환경문제와 떼려야 뗄 수 없는 관계에 놓여 있으며, 특히 대기 오염과 지구 온난화 문제와 밀접하게 연결되어 있습니다.

'온실가스'는
무조건 나쁘다고?

· 온실가스 ·

온실가스 덕분에 지구의 평균 기온이 유지된다.
녹색 화학이란 지구를 이롭게 하는 길을 모색하는 화학이다.

'온실가스는 나쁘다'라고 생각하고 있지 않나요? 사실 온실가스 그 자체가 나쁜 것은 아닙니다. 온실가스 덕분에 지구의 평균 기온은 약 14℃로 유지되고 있습니다.

지구는 매일 태양 광선에 의해 데워집니다. 이때 지구는 적외선을 방출(방사)함으로써 우주로 열을 내보냅니다. 적외선을 쏘면 지구의 온도는 내려갑니다. 지구의 온도는 태양으로부터 지구로 복사되는 에너지와 지표나 대기에 의해 방사되는 적외선 에너지의 균형에 의해 결정됩니다.

방사된 적외선이 모두 우주 공간으로 방출되는 것은 아닙니다. 일부는 온실가스에 의해 흡수되어 다시 지표를 향해 방출됩니다. 온실가스에 의해 지표와 지표 부근의 대기가 따뜻해집니다.

만일 대기 중에 온실가스가 없다면 지구의 평균 기온은 대략 -19℃가 된다고 합니다. 지구의 생물체는 온실가스 덕분에 33℃가량 더 따뜻하게 생활하게 된 것입니다.

지구를 따뜻하게 유지하는 온실가스의 주역은 수증기입니다. 온실가스는 수증기 48%, 이산화탄소는 21%, 구름(물방울이나 얼음 알갱이)은 19%, 오존은 6%, 기타 5%의 비율로 구성되어 있습니다. 이과생에게 '지구의 대기는 온실가스 덕분에 따뜻하다. 그렇다면 이 온실가스의 온실효과에 가장 크게 기여하는 물질은 이산화탄소가 맞을까?'라고 물었을 때 정답을 틀리는 학생들이 많습니다. 학생들 대부분이 수증기가 온실가스의 주역이라는 사실을 모르거나, 뉴스 등을 통해 '지구 온난화는 이산화탄소 등의 온실가스 때문'이라고 듣고 이산화탄소가 지구 온난화의 주역이라고 생각하기 때문입니다.

사실 '지구 온난화 문제'라면 이산화탄소가 주역이 맞습니다. 왜 그럴까요? 지구의 기후는 장기적으로 변합니다. 현재 전 세계는 지구 전체의 평균 기온이 오르기 시작한 현상에 대해 주목하고 있습니다. 이를 지구 온난화(혹은 단순히 온난화)라고 합니다.

지구 온난화는 인간의 활동이 활발해지면서 온실가스가 대기 중으로 대량 방출되어 일어난 현상이라고 여겨집니다. 이때 문제가 되는 것이 이산화탄소(CO_2)와 메탄(CH_4), 아산화질소(N_2O), 프레온 등입니다. 모두 온실가스를 구성하는 물질입니다. 여기서 가장 큰 문제가 되는 것이 이산화탄소입니다. 1760년대에 산업혁명이 시작된 뒤부터 인류는 동력장치를 화석연료(석탄, 석유, 천연

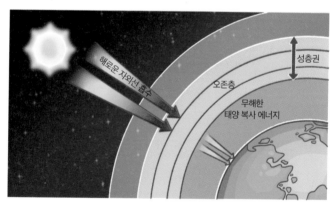

오존층의 위치와 역할

아는 만큼 보이는 세상 | 화학 편

가스)로 작동시켰습니다. 또한 교통이 발달하면서 공장, 발전소, 자동차, 항공기 등을 통해 다량의 이산화탄소가 발생합니다. 모두 인간의 활동으로 배출된 이산화탄소입니다. 산업혁명이 일어나기 전 대기에 포함된 이산화탄소의 수치는 약 280ppm(0.028%)이었으나 현재는 400ppm을 넘었습니다.

온실효과 기여율이 48%인 수증기를 문제 삼지 않는 이유는 수증기는 자연 구조에 따라 증감하기 때문입니다. 반면 이산화탄소는 인간의 활동으로 배출량이 계속 증가하여 지구 온난화에 큰 영향을 주고 있습니다.

인간의 활동으로 배출되는 수증기는 대기, 해양, 눈과 얼음, 육수(강이나 호수 등 육지에 있는 물) 속을 순환하는 물의 양에 비하면 무시할 수 있는 양입니다. 그러나 인간의 활동으로 배출되는 이산화탄소가 증대해 지구 온도가 올라가면 수증기의 양이 늘어나 온실효과가 더 활발하게 발생할 수 있습니다. IPCC(기후변화에 관한 정부간 패널)의 평가 보고서에도 '이산화탄소량의 증대 → 지구의

CH_4	N_2O	CO_2	CO_2 N_2O	PFCs HFCs SF_6
⇧	⇧	⇧	⇧	⇧
폐기물 농업 축산	비료 사용	에너지 사용	산업 공정	에어컨 냉매 자동차 에어컨 냉매

6대 온실가스

온도 상승→수증기량의 증대→지구의 온도 상승'의 순환 과정을 함께 기입하고 있습니다.

이산화탄소 이외에도 메탄, 아산화질소, 프레온 또한 감축 대상입니다. 이산화탄소 다음으로 악영향을 끼치는 메탄은 산소가 없는 환경에서 유기물이 분해되면 발생합니다. 습지대와 논, 쓰레기 매립지에서 발생하는 것 외에 돼지와 양 등의 가축을 통해 발생하기도 합니다. 호주에서는 양에게 백신 접종을 하여 이들의 음식 소화로 인한 메탄 발생을 줄이고 있습니다.

현재 화학이 목표하고 있는 것은 '녹색 화학'입니다. 녹색 화학이란 유해 물질 배출을 최소화하고, 폐기물의 발생량을 줄이며, 에너지와 자원을 효율적으로 이용하며, 사고 예방을 위한 근본적인 방법을 생각하고, 환경오염 예방을 위한 실시간 분석으로 진행하는, 이 다섯 가지를 목표로 추구하는 화학입니다.

원자 결합부터 화학 변화까지 계산 없이 쏙쏙 이해하는 화학

아는 만큼 보이는 세상 | 화학 편

인쇄일 2024년 3월 25일
발행일 2024년 4월 1일

지은이 사마키 다케오
옮긴이 최윤영
감수자 이준호
펴낸이 유경민 노종한
책임편집 김세민
기획편집 유노책주 김세민 이시윤 **유노북스** 이현정 조혜진 **유노라이프** 권순범 구혜진
기획마케팅 1팀 우현권 이상운 **2팀** 정세림 유현재 김승혜 이선영
디자인 남다희 홍진기 허정수
기획관리 차은영
펴낸곳 유노콘텐츠그룹 주식회사
법인등록번호 110111-8138128
주소 서울시 마포구 월드컵로20길 5, 4층
전화 02-323-7763 **팩스** 02-323-7764 **이메일** info@uknowbooks.com

ISBN 979-11-7183-017-6 (03430)